1 小时 星际探索

太阳系

闻新_____著

江苏凤凰教育出版社
Phoenix Education Publishing, Ltd

图书在版编目（CIP）数据

1 小时星际探索 . 太阳系 / 闻新著 . -- 南京 : 江苏
凤凰教育出版社 , 2022.3
ISBN 978-7-5499-9868-5

Ⅰ . ①1… Ⅱ . ①闻… Ⅲ . ①宇宙 – 普及读物②太阳
系 – 普及读物 Ⅳ . ①P159-49 ②P18-49

中国版本图书馆 CIP 数据核字 (2022) 第 004375 号

书　　　名　**1 小时星际探索·太阳系**
作　　　者　闻　新
责任编辑　李明非　刘一波
装帧设计　夏晓烨
责任印制　石贤权
出版发行　江苏凤凰教育出版社（南京市湖南路 1 号 A 楼　邮编：210009）
苏教网址　http : // www.1088. com. cn
照　　排　江苏凤凰制版有限公司
印　　刷　江苏凤凰通达印刷有限公司
厂　　址　南京市六合区冶山镇牡丹村 6 号（邮编：211523）
开　　本　889 毫米 ×1194 毫米　1/16
印　　张　13.25
版　　次　2022 年 3 月第 1 版
印　　次　2022 年 3 月第 1 次印刷
书　　号　ISBN 978-7-5499-9868-5
定　　价　60.00 元（精）
网店网址　http : // jsfhjycbs. tmall. com
公　众　号　苏教服务（微信号：jsfhjyfw）
邮购电话　025-85406265，025-85400774，短信 02585420909
盗版举报　025-83658579

苏教版图书若有印装错误可向承印厂调换
提供盗版线索者给予重奖

作者简介：

闻新，教授，博士生导师。曾先后在北京空间飞行器总体设计部、中国航天科工集团公司研发中心和中国航天二院二部工作。主持完成神舟飞船故障诊断系统、民用航天预研项目、"863"预研项目和总装预研支撑等项目，曾担任主任设计师、副总设计师和总指挥等职务。入选首批国防科工委的"511人才工程"。自2010年以来，从培养航天器总体设计和航天器控制人才的需要出发，从事"科学与艺术相结合"的实践研究，创建国家级精品在线课程和国家级一流本科课程"航天、人文与艺术"，并担任国内多所大学航天通识课程的特聘教授。担任《太空探索》《科学探索》等杂志的特约撰稿人，多次受邀作为中央电视台、东方卫视、江苏卫视等有关节目的嘉宾。

目 录

前 言

从古到今，人们一直对太空中闪烁的群星充满好奇，并渴望了解和认识它们。纵观人类历史的发展，对星系乃至宇宙的探索从未停止。人类在探索中不仅更加了解浩瀚宇宙，也改变了人类自身的发展。鉴于很多人渴望了解这方面的知识，但又没有时间和精力去阅读那些厚重的天文书籍，本书在充分调研国内外相关科普文献的基础上，围绕"太阳系"这个主题，采用借鉴、改进和适用中国国情的编写方式，将有关太阳系的知识用浅显的文字集结成册。

本书主要介绍太阳系，包括太阳、行星、矮行星和小行星以及人类为了探索太阳系所进行的相关研究探索活动，让读者和太空直接对话。本书总共由 16 个专题组成，采用问答的形式进行讲解，让广大科普爱好者用 1 小时的时间就能全面了解太阳系的各种有趣知识。

本书以提高公民尤其是未成年人的科学文化素质为目的，介绍了太阳系各个星体的演变、成分、形成和运动规律，以及航天技术在人类历史上的作用，同时还介绍一些对科学发展有着重要影响的科学家，如哥白尼、伽利略和哈雷等。本书部分内容曾作为南京航空航天大学和北京理工大学珠海学院通识课程《航天与天文》的讲义。

本书在编写过程中得到了南京航空航天大学、北京航空航天大学、中国航天二院二部和中国航天五院 501 所的同仁和朋友的大力帮助。本书的出版得到了江苏凤凰教育出版社李明非主任的支持，在此一并表示感谢！

在古代，天体观测是天文学家的主要工作，他们相信天体的位置变化会影响地球上发生的事件，也正是通过观察星星的位置，古代的农民决定了什么时候播种，什么时候收获。

天体观测从古到今

早期天文学的发展

　　每个民族都有一系列解释太空星辰的理论和神话。对古代的中国人来说，天空是重要而神秘的。因此，中国人很早就已经对天象做了认真而细致的观测，也留下了大量详细的天象记录。

　　在公元前 600 年的古希腊，哲学家泰勒斯已经提出宇宙是有规律的并可为人所了解。大约在公元前 400 年，柏拉图的宇宙观认为所有天体都是按照正圆轨道运行的，而地球则应处于宇宙的中心，这就是"地心说"的起源。

古希腊哲学家泰勒斯（左）和柏拉图（右）

② "地心说"诞生

公元140年左右，生活在埃及亚历山大的希腊天文学家克罗狄斯·托勒密，发表了一部重要专著《天文学大成》，在当时被尊为天文学的权威著作。《天文学大成》论述了宇宙的中心是地球，日、月都围绕着地球旋转，这就是著名的"地心说"。

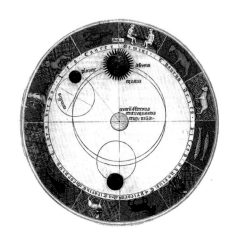

带有黄道十二宫图案的托勒密圆行星图（左）和希腊天文学家克罗狄斯·托勒密（右）

早期的地心说不能解释行星逆行的现象，在《天文学大成》中，托勒密提出了他的改良版地心说。按照托勒密的宇宙观，行星都在一个称为"本轮"的小圆形轨道上匀速运动，而"本轮"的中心则在称为"均轮"的大圆轨道上绕地球匀速转动。水星、金星的"本轮"中心和地球及太阳的中心在一条直线上，其余行星则依附在一个最外层的大天球上（如图所示）。

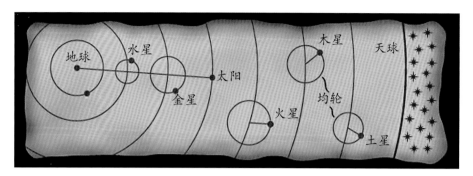

"地心说"描述的太阳系行星运行轨迹

托勒密的地心说所预测的行星位置和实际位置的误差在数度之内，满足了当时的人们需要，因此托勒密的地心说主宰了人类世界约 1500 年。

 "日心说"诞生

公元 1533 年，波兰天文学家尼古拉·哥白尼终于完成《天体运行论》。然而，迫于宗教压力，这部著作他迟迟没有公开发表。直到 1539 年，在朋友们的劝说下，哥白尼才同意发表。1543 年 5 月 24 日，临终的哥白尼才在病榻上收到了出版商从纽伦堡寄

哥白尼（左）和他的"日心说"太阳系行星运行轨迹

来的《天体运行论》样书。

哥白尼的《天体运行论》提出太阳是宇宙的中心，而地球只不过是围绕太阳的一颗行星，这个理论简单而精彩，也成功地解释了行星的逆行现象。自此地球丧失了处于宇宙中心的特殊地位。可惜的是，哥白尼的"日心说"并未为当时的人们所接受。

 伽利略的贡献

意大利天文学家伽利略是"日心说"的忠实拥护者，是世界上第一个用望远镜窥探天空的人，也是人类首次在天文学上利用仪器提升自己观测能力的科学家。

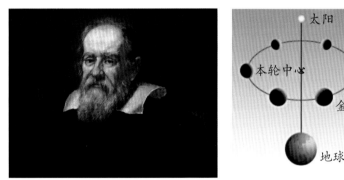 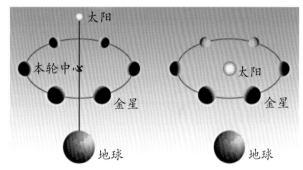

伽利略（左）和"地心说"的金星本轮中心（右图左侧）、"日心说"的金星运行轨迹（右图右侧）

伽利略对天文学发展有 4 个主要贡献：

（1）发现月球上有山脉地形。

（2）发现太阳黑子。

（3）发现绕着木星旋转的 4 颗卫星。指出宇宙有其他的"中心"，这 4 颗卫星现在被称为伽利略卫星。

（4）金星也有盈亏，由此证明金星是环绕太阳运行，而不是本轮的中心。

5 开普勒定律

16 世纪末，丹麦天文学家第谷·布拉赫孜孜不倦，每日度量天空中行星的位置，积累了大量的天文数据。1601 年，第谷去世后，德国天文学家开普勒利用第谷的数据研究了火星运动，发现了火星运行轨道并非圆形，而是椭圆形。在此研究成果基础上，他撰写了《新天文学》，提出了行星运动的著名定律——开普勒定律。

今天，《新天文学》被认为是现代科学技术时代最重要的学术著作之一。在这之前，哥白尼于 1543 年出版的《天体运行论》提出了"日心说"模型，但哥白尼的"日心说"模型主要解释了行星运动问题，并非完整地提出行星运动的物理模型，而开普勒定律则完整地给出了行星运动的物理模式。

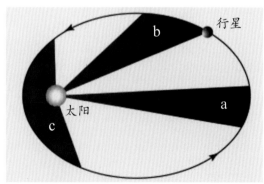

开普勒（左）和开普勒定律（右）

6 牛顿运动定律与爱因斯坦相对论

开普勒是从数据中发现了天体运动这些关系，但他却并不了解其背后的原因。英国物理学家牛顿后来经过探本穷源，建立出一套能解释这些关系的物理理论。牛顿的伟大在于他能用以更少的假设为基础的理论，自然地推导出了开普勒定律及其他定律。

牛顿是现代物理的奠基人。他提出的万有引力定律认为万物皆会互相吸引。例如圆珠笔掉到地上，便是由于圆珠笔和地球之间互相吸引。假若两件物体的质量分别为 M_1 及 M_2，而它们之间的距离为 r，那么它们之间的吸引力 F 为：

$$F = G\frac{M_1 M_2}{r^2}$$

公式中的 G 被称为"引力常数"，是一个非常小的数，所以当物体的质量很小的时候，它们之间的引力便微不足道，我们看不到日常的物件会互相吸引，便是这个原因（如图所示）。

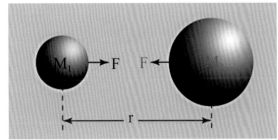

牛顿（左）和万有引力定律（右）

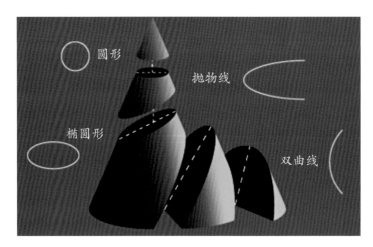

圆锥曲线

现在，我们终于能解释为什么月球会环绕地球运行。如果地球不存在，月球便会以直线运行，飞向宇宙深处。由于地球和月球互相吸引，月球便向地球靠拢，月球不断向地球方向落下，而落下的距离刚好和月球飞离地球的距离抵消，结果月球便能够以接近圆形的轨道绕着地球运行。地球和其他行星也是这样不断向太阳落下，才会以现在的轨道绕太阳运行。

牛顿的引力定律也断言，星体的轨迹除了以直线前进外，可能会呈现出4种圆锥曲线——圆形、椭圆形、抛物线和双曲线中的其中一种。我们称前三种形状为圆锥曲线，是由于以不同方法切割圆锥体，便可以得到这些形状。太阳系中的大部分成员以椭圆形绕日运行，但有些彗星的轨道则为抛物线或双曲线。

爱因斯坦

　　牛顿定律是理论天文学发展史上的一个辉煌的序曲，之后便是一时的沉寂，直至伟大的物理学家爱因斯坦的出现。他从最根本的地方审视了牛顿的理论，然后提出划时代的广义相对论。我们也相信广义相对论仍不是终极真理。科学发展的规律一向如此，有人提出理论，假若它和实验结果吻合，我们便会接受这个理论；但当日后出现更佳的仪器，发现理论与新实验结果有所偏差，这个理论便需要修正，然后再进行实验，循环不息。

　　未来，谁也不知道下一个牛顿或爱因斯坦来自何方，他会提出一个可行的、可靠的量子引力理论，把相对论和量子理论结合起来，最终让人类看到黑洞的内部。即使牛顿和爱因斯坦的理论有它的局限性，但最终人类天文学发展的历程是不会否认他们的发现的。

双黑洞模拟为未来的观测提供了蓝图，图中计算机模拟的超大质量黑洞中，气体发出明亮的光芒

太阳对生活在地球上的人类来说有着巨大的影响，作为位于太阳系中心的、发光的气体星球，它影响着地球上的所有生命，在太阳系中扮演着重要的角色。自古以来，人类就对太阳充满着一种爱，并憧憬着飞到太阳上。但是，关于太阳，人类究竟了解多少？

二

太阳的科学事实

太阳的结构是什么样的

天文学家把太阳结构分为内部结构和大气结构两大部分。太阳的内部结构由内到外可分为核心、辐射层、对流层三个部分；太阳的大气结构由内到外可分为光球、色球和日冕三层。

太阳的核心区域很小，半径只是太阳半径的1/4，但它却是产生核聚变反应之处，是太阳的能源所在地。核心区温度和密度的分布都随着与太阳中心距离的增加而迅速下降。

太阳的辐射层约占太阳体积的一半。太阳核心产生的能量，通过这个区域以辐射的方式向外传输。

太阳对流层处于辐射区的外面。由于巨大的温度差引起对流，内部的热量以对流的形式在对流区向太阳表面传输。除了通过对流和辐射传输能量外，对流层的太阳大气湍流还会产生低频声波扰动，这种声波将机械能传输到太阳外层大气，产生加热和其他作用。

太阳光球层是人们平常所看到的太阳圆面，通常所说的太阳半径，也是指光球的半径。光球的表面是气态的，其平均密度只有水密度的几亿分之一，但由于它的厚度达500千米，所以光球是不透明的。光球层的大气中存在着激烈的活动，用望远镜可以看到光球表面有许多密密麻麻的斑点状结构，就好像一颗颗米粒，被称为米粒组织。它们极不稳定，一般持续时间仅为5分钟～10分钟，其温度要比光球的平均温度高出300℃～400℃。

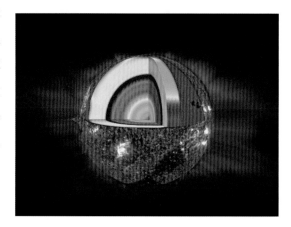

什么是太阳黑子

　　光球表面另一种著名的活动现象便是太阳黑子。黑子是光球层上的巨大气流漩涡，大多呈现椭圆形，在明亮的光球背景反衬下显得比较暗黑，但实际上它们的温度高达4000℃，倘若能把黑子单独取出，一个大黑子便可以发出相当于满月的光芒。日面上黑子出现的情况不断变化，这种变化反映了太阳辐射能量的变化。太阳黑子的变化存在复杂的周期现象，平均活动周期为11.2年。

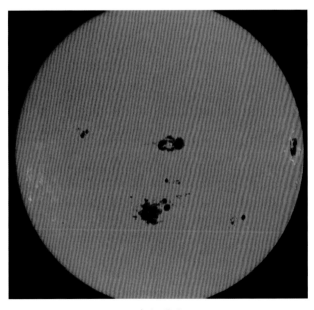

太阳黑子

③ 什么是太阳耀斑

色球层的某些区域有时会突然出现大而亮的斑块。人们称之为耀斑，又叫色球爆发。一个大耀斑可以在几分钟内释放出相当于 10 亿颗氢弹的能量。

太阳耀斑从太阳表面和大气中突然地、强烈地发射出电磁辐射，并将等离子体和高能粒子喷射到星际空间中。由于大型太阳耀斑会造成严重的空间天气干扰，影响地球的生存环境，还有可能会摧毁航天器，因此，预测太阳耀斑的发生显得极其重要。但是，由于目前人类对太阳耀斑的发生机制尚不清楚，所以大多数耀斑预测方法目前还处于试验阶段。例如，依赖于实证关系预测耀斑方法，前一天的预测倾向于第二天，然后再继续进入第三天。如果耀斑活动发生变化，这种方法就显得无能为力了。

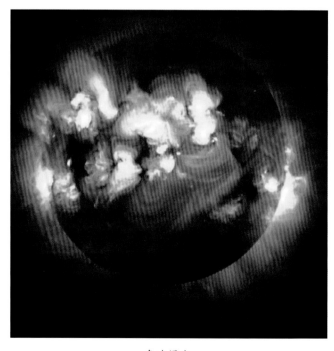

色球爆发

4 什么是日冕和日珥

日冕是太阳较外层的大气体，日珥是从色球喷发出的巨大气体云。日冕可以延伸到太空中很远的地方，带出一些粒子离开太阳。以前，日冕只有在日全食时才看得见，现在使用日冕仪器可以天天观察日冕的变化了。

日冕厚度达到几百万千米以上，温度有 100 万℃。在高温下，氢、氦等原子已经被电离成带正电的质子、氦原子核和带负电的自由电子等。这些带电粒子运动速度极快，以致不断有带电的粒子挣脱太阳的引力束缚，射向太阳的外围，形成太阳风。

太阳的能量通过两种途径释放，第一种途径是以可见光（所谓的太阳光）的形式向外释放，第二种途径是以带电粒子形式向外释放。

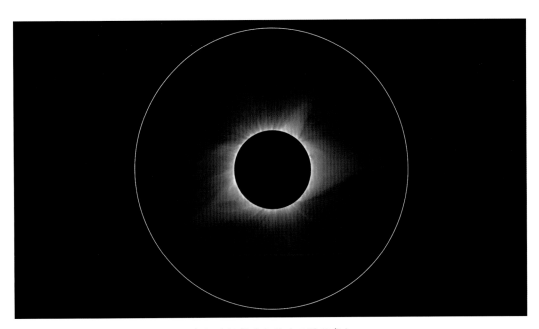

太阳的辐射（也称为日冕现象）

5 太阳比地球大多少

　　太阳似乎是巨大的，然而就恒星而言，它的大小处于平均量级。太阳半径大约是地球半径的 109 倍，其质量大约是地球质量的 33 万倍。

　　如果把地球想象成是一个成年人，那么太阳就好像是一栋高楼了。如果地球的半径是一个人的高度，那么太阳的半径大约相当于一栋 60 层的摩天大楼的高度（如图所示）。太阳如此巨大，以至于我们在同一比例尺下绘制地球和太阳时，只能画出太阳的一小部分，否则地球会因为太小而注意不到。

太阳和地球的比较

⑥ 太阳对生命有什么影响

20 世纪 40 年代期间，美国空军曾将动物送入太空。考虑动物的重量会增加火箭的负担，所以昆虫成为第一批动物宇航员进入太空。

1951 年 9 月 20 日，美国空军发射一枚火箭，携带一只猴子和 11 只老鼠。这些动物升至 72 千米的高度，并安全返回地面，这也是人类首次将哺乳动物送到大气层的边缘。

1957 年苏联安排一只名为莱卡的小狗，搭乘苏联的史普尼克 –2 号卫星，进入太空轨道。但由于当时卫星的防护技术不好，小狗被高温闷死在卫星里。美国也效仿苏联，1961 年把一只大猩猩送进了太空，并安全返回地球。

苏联把一只被称为莱卡的小狗送入太空

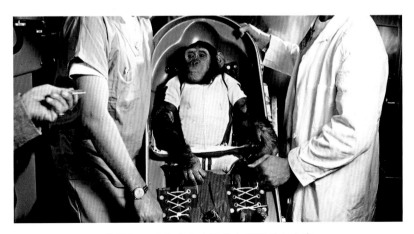

美国把一只被称为哈姆的大猩猩送入太空

1992 年美国奋进号航天飞机把青蛙送入太空，验证了太空环境对两栖动物的卵受精和孵化产生的影响。

奋进号航天飞机的航天员手里拿着一只青蛙进行试验

在近地空间的低轨道上，因为地球空间存在一个磁场，能够俘获大部分太阳射线，所以，如果飞船采取一定的防护措施，太阳辐射对航天员的身体影响并不大。苏联女航天员萨维茨卡娅在谈到中国女航天员刘洋时说："她还年轻，至少太空飞行不会影响到她的生育，如果她喜欢这个工作，也许她会再飞一次。"

不过，在太阳活动高峰时期，太阳辐射会对航天员造成极大的危害。如果航天员飞往火星或木星，远离地球磁场的保护，太阳辐射也会对航天员的身体带来巨大威胁。目前，科学家还在不断研究太阳长期辐射对人体的影响和保护措施等问题。

世界上第一位进行出舱行走的女航天员萨维茨卡娅

⑦ 太阳风对地球有什么影响

当太阳风到达地球附近时，与地球磁场发生作用，并把地球磁场的磁力线吹得向后弯曲。但是地球磁场的磁压阻滞了等离子体流的运动，使得太阳风不能侵入地球大气而绕过地球磁场继续向前运动，并将地球磁场吹成泪滴状，于是地球磁场就被包含在这个泪滴里。类似地，这种"风"也会将彗星的尾巴吹成"长羽毛"状。

但是，当太阳出现突发性的剧烈活动时，情况会有所不同。此时太阳风中的高能离子会增多，这些高能离子能够沿着地球附近的磁力线侵入地球的极区，并在地球两极的上层大气中放电，产生绚丽壮观的极光。北极和南极上方美丽的极光，就是太阳风导致的。

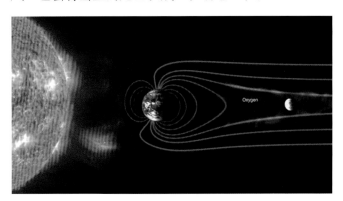

太阳风使得地球磁场形成像彗星一样的尾巴

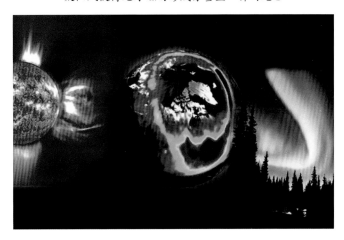

地球北极和南极上方闪烁美丽的极光

⑧ 日食现象是怎样形成的

日食现象的形成很简单，就是月球运行到太阳和地球之间，并挡住了全部或部分太阳，此时，地、月、日连成一线，于是就会呈现出三种现象：

第一种现象称为"日偏食"，月球从太阳的边缘经过，遮住部分太阳。第二种现象称为"日全食"，月球从太阳的正中央经过，并完全遮住太阳。第三种现象称为"日环食"，月球从太阳的正中央经过，但并没有完全遮住太阳。

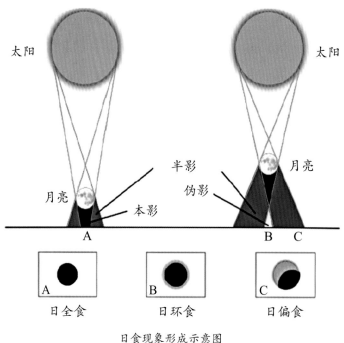

日食现象形成示意图

⑨ 日食发生过程是怎样的

为了了解日食发生过程，我们先从特定的日食现象来看。2020年6月21日，在我国可以观看到日环食天文现象。这次日环食"带"最初开始于北京时间中午11点51分左右，13点06分37秒从西藏进入，路经四川、贵州、湖南、江西、福建和台湾，17点24分26秒离开台北之后进入太平洋，最终在关岛以东的太平洋洋面上结束。只要处在这个区域，基本上都可以观察到日环食现象。

这次日食过程由5个步骤或阶段组成。因月球自西向东绕地球公转，当月球东沿相接于太阳西沿时，日食正式开始，太阳开始出现亏损，也称"初亏"；月球继续往太阳中心移动，当月球边缘与太阳边缘内切的时候，也称为"环食始"；当月球中心到达与太阳中心最接近的位置，太阳几乎被月球遮挡，仅剩一圈亮圈，也称为"食甚"，此时是日环食观测最震撼的一刻，也是地面感受最暗的时候；月球继续移动离开太阳中心，当边缘再次内切于太阳边缘，称为"环食终"；"环食终"之后月球遮挡太阳越来越少，当月球西沿外接于太阳东沿时，太阳圆盘形状完全恢复，整个日食过程结束，也称"复圆"。

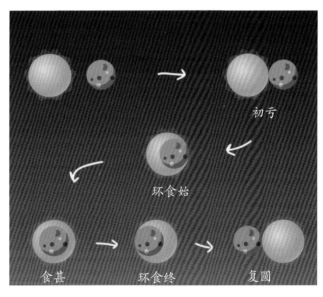

日食发生示意图：初亏→环食始→食甚→环食终→复圆

10 恒星有声音吗

　　科学家在一次太空观测中有意外发现，他们听到了三颗系外恒星发出的嗡鸣声音，就像乐器的共鸣箱一样。因此，许多科学家开始努力研究恒星发出的声音，希望能从这些声音中发现星体内部的演变过程。

　　事实上，在太阳核心的核聚变、太阳表面的耀斑爆发、太阳内部升腾而起的巨大热气团，都会使太阳产生声音。有位作曲家就曾经根据这些恒星的声音写了首曲子。根据现代音域的标准，如果以 440 赫兹为标准高音的话，那么太阳发出的声音就是升 G 大调。

用于探测天空声音的气球正在进行充气

11 行星也有声音吗

由于每颗行星周围的空间是不同的，所以每颗星球都有各自的声音和独特的"歌曲"。美国毅力号探测器于 2021 年 2 月 18 日登陆火星时，它不仅收集了令人惊叹的图像和岩石样本，还录制了火星上的声音，让人们体验到火星声音与地球声音的微妙不同。火星大气密度远低于地球，在地球上听起来嘈杂的机械声，到火星上就会安静许多。另外，比起高频率的声音，低频率的声音在稀薄的大气中比较容易传导。

录制火星的声音，也是"中国探火工程"任务之一。所以，中国火星漫游车祝融号，也计划在静止状态下录制火星的声音，尝试捕捉火星的风声。聆听地球之外的风声，将帮助科学家了解有关星体的大气环境。

毅力号探测器装有一对麦克风，采集了来自火星的音频

12 你听过宇宙之声吗

从科学角度看，宇宙中的一切物质都会发出辐射，如果我们的耳朵对它们敏感，就可以"听到"。从某种意义上说，星系都会发出辐射，进而也能转换成我们能听到的声音，或许听起来很怪异，比如口哨声、爆裂声和嗡嗡声都是宇宙中许多"歌曲"中的一部分。

天文学家从旅行者 2 号探测器捕获到的太阳系"边界"区域数据，并将其转化为声音，听到的则是不止来自于一个星系的宇宙之声。因为这种声音与太阳系内的星体都没有关联，可能是来自银河系外的其他地方。

在 1989 年，美国宇航局（NASA）发行了 *Miranda: NASA – Voyager Space Sounds* 专辑，这是首音频歌曲，但准确地说这不是一首歌，只是一段长达 31 分钟的音频。专辑名中的"Miranda（天卫五）"，是旅行者 2 号在 1986 年 1 月飞掠天卫五南半球时"录制"的。

1986 年 1 月 24 日，旅行者 2 号遇到了天王星最内侧的天卫五。天卫五是天王星卫星中最小的，直径只有 400 多千米。天卫五的表面由两种截然不同的地形组成：一种是坑坑洼洼的起伏地形，另一种是复杂的深色条纹的山脊和巨大的峡谷

太阳是一个炽热的温度极高的气体球，所以人类航天器目前还无法接近它

水星是太阳系八大行星中离太阳最近的行星，它体积微小却有着炙热的地表，比月球还大三分之一。水星离地球并不远，但是水星却是最难被人们"看见"的。虽然哥白尼是第一个解释水星没有穿越整个星空而仅在太阳附近摆动的人，但他一生都没能看见过水星。水星究竟是什么样的？让我们来一探究竟吧！

三

水星的科学事实

水星在地球上空的什么位置

水星通常在太阳附近，观察到水星并不容易，因为它通常会在夕阳的余晖或日出的光芒中消失。

天空晴朗时，在刚刚日落的西方低空或刚刚日出的东方低空可以看见一颗中等亮度的星体，这就是水星。但是如果你在这个天空方位中还看到一颗非常明亮的星体，那可能是金星。

水星靠近地球时位于西方，远离地球时位于东方。当水星与地球位于太阳相反的两侧时，便无法看到。当你观察水星时，最好用望远镜。在一年期间，观测水星的最佳月份是 3 月～4 月，或 9 月～10 月，即春分和秋分前后。如果是连续一段时间的观察，你可以看到水星在经历不同方位时，日复一日地在改变自己的形状。

在地面观察水星时，有可能同时看到水星（图中天空下方圆点）和金星（图中天空上方圆点）

2 水星上会有生命吗

水星是太阳系中最不适合生命生存的行星之一，水星白天灼热的气温使它不可能有生命存活。生命确实无法在真空中生长，因为水星的大气层接近真空。另外，水星稀薄的大气层会使得危险的太阳射线到达水星表面，这些射线会很快杀死水星表面的大部分活的有机物。

近年来，研究人员根据望远镜观测到的证据表明，在水星的北极存在被冰冻的汞和有机物质。它们很可能是一些类似于煤炭的物质，也许是数百万年前彗星在撞击小行星时形成的。

但是，有些科学家认为，在水星南北极的环形山附近，很可能是适合人类移民的地方，因为那里的温度常年恒定（大约-200℃）。这是因为水星微弱的轴倾斜以及基本没有大气，所以从有日光照射的那部分热量很难被传播到那里，甚至水星两极较为浅的环形山底部也总是黑暗的。

如果在水星南北极的环形山附近建筑人类移民基地，人类的建设活动将能加热那里，并使之达到一个舒适的温度。

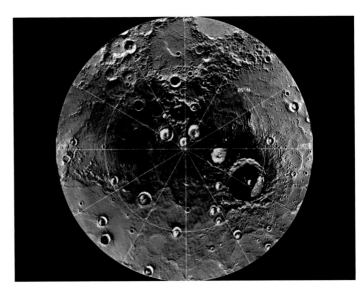

黄色部分为发现水星存在有机物的地点

什么是"水星凌日"

地球和水星在各自的轨道上绕太阳公转,只有水星运行到太阳与地球之间,并且三者基本上位于一条直线时,才会出现"水星凌日"现象。当发生"水星凌日"时,我们在太阳的圆面上会看到一个小黑点穿过。其道理与日食类似,但不同的是水星比月亮离地球远,水星挡住太阳的面积也特别小,不足以使太阳光线强度减弱,所以用肉眼是很难观察到的。每 100 年时间里,"水星凌日"现象只会发生 13 或 14 次。

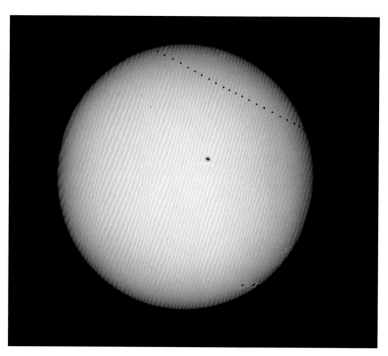

2003 年 5 月 7 日,"水星凌日"期间拍摄的照片(太阳上的一系列小圆黑点是水星在不同时刻遮挡所致,太阳黑子位于太阳中央)

4 水星有多少"之最"

在太阳系的八大行星中，水星拥有很多的"之最"记录。水星由石质和铁质构成，没有卫星围绕着它运行；水星是距离太阳最近的一个类地行星，因此它不仅是温度最高的行星，也是太阳系中最难观察到的行星。水星还是太阳系中运动最快的行星，它围绕太阳一周只需88天。水星是太阳系中密度非常大的行星。自从冥王星被"降级"之后，直径为4878千米的水星成为太阳系中体积最小的大行星。

五彩缤纷的水星（不同颜色表示不同区域的化学、矿物和物理性质）

5 水星上有水吗

科学家认为水星极地可能存在冰，它们藏在背阴处深邃的火山坑里，免于遭受太阳光的炙烤。

1991年8月，当水星运动至离太阳最近点时，美国天文学家用巨型天文望远镜对水星观测，发现水星表面的阴影处存在冰山。2011年，美国信使号探测器对水星进行为期一年的探测工作，意外发现了水星存在巨大悬崖。信使号发回的图像标明了水星背阴处的火山坑里"明亮沉积物"的具体位置，证实了水星存在冰的猜测。

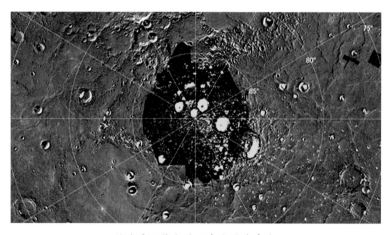

信使号飞越水星证实水星存在冰

6 水星地质结构是怎样的

水星是太阳系中最靠近太阳的一颗行星，被太阳烤得很热，像一个滚烫的大铁球。在水星表面有一层很薄的矿物质，这是一层壳。在这层壳的下面是一层不太厚的岩石层，称作幔。可能水星的幔温度非常高，以至于融化了部分岩石，但是科学家对此并不确定。

在幔下面，也即水星的中心，是一个巨大的铁核。尽管地球比水星大很多，但水星的核心所占水星内部的比例远高于地球的核心。一些科学家认为水星核心部分的外部可能是由流动的、炽热的铁元素组成。这层厚厚的、流动的铁元素也会导电，进而就可以解释水星为什么会有磁场。这个磁场使得来自于太阳的带电粒子的电力线变形，甚至弯曲。

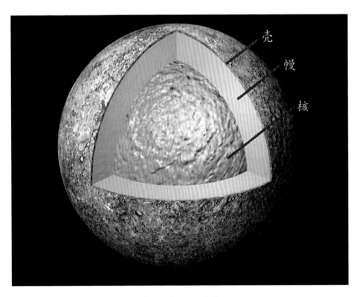

壳
幔
核

水星的组织结构

7 人类是怎样知道水星周围有磁场的

1973 年 11 月美国发射了水手 10 号空间探测器，于 1974 年 3 月到达水星附近，并检测到了水星的磁场。水手 10 号也是人类首个执行"双行星"探测任务的飞行器，它飞越了水星和金星。它三次从水星的同一地区上空飞过，探测到 37% 的水星表面，向地面发回了 2500 多张珍贵的照片，进而发现了水星拥有稀薄的大气层。科学家通过探测发现，在水星表面有地球磁场 1% 左右强度的固有磁场。

另外，最近人类从地球向水星发射电波，再观测其返回的信号，发现水星的两极可能也有冰存在。

1974 年 3 月，水手 10 号飞越水星

8 水星有大气层吗

水手10号探测器发现水星像月球一样，几乎没有空气，仅仅有一层非常稀薄的大气层。该大气层包含氧、钠、氦、氢、钾等元素。该大气层中虽然有氧气，但不足以让动物呼吸。在水星上空，时不时会形成较厚的空气团，但很快就消失了。

一些科学家认为在几十亿年前，水星曾有过一个较浓密的大气层。水星大气层变稀薄的一个原因，可能是水星太小。因为太小，水星的引力变弱，所以水星的引力无法维持它早期的大气层，使得大气层中的化学物质分散到太空中去。水星大气层变稀薄的另一个原因可能是由于水星表面温度太高，它不可能像它的两个近邻金星和地球那样保留一个浓密的大气层。

水星的北极（照片中的细微颜色差异是显示水星的重要信息）

⑨ 水星周围的气候是怎样的

水星上的气候因它极端的温度而知名。水星非常炎热又非常寒冷，因为水星距离太阳太近，因此到达水星的太阳光线的强度是到达地球的 7 倍。这使得白天（水星一部分面向太阳的时间）非常热，温度能够达到 450℃。

尽管水星在白天非常热，但晚上（水星的一部分背对着太阳的时间）却非常冷。温度又降到 -170℃。晚上变得如此冷的原因是大气层太稀薄，因此无法留住白天吸收的热量，当太阳落山时热量就发散到太空中了。

水星也是极其干燥的，没有雨或雪。水星的天空中从来没有过云，并像地球的夜晚一样漆黑。水星表面的岩石吸收了大量的阳光，反射率只有 8%，所以水星是太阳系中最暗的行星之一。因此无论是白天还是夜晚，水星的天空都是漆黑的。在水星漆黑的天空中可以看到明亮的金星和地球。

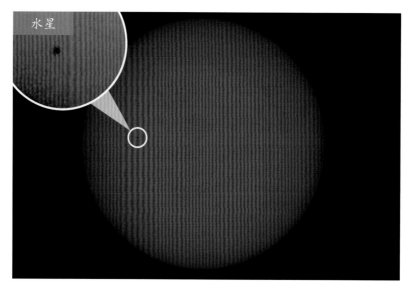

水星在太阳的前面

10 在水星上称体重和在地球上一样吗

水星的质量远小于地球，但水星的密度只略低于地球。水星没有地球重，所以水星的引力大约只有地球的 1/3，也就是说，水星比地球包含的物质少。假如你在地球上称体重是 45 千克，那么你在水星上就没有在地球上重，可能在水星上你大概只有 17 千克，因为重量依赖于引力。

下图是地球和水星的比较，图中水星棕色的部分是岩石幔，淡蓝色的部分是液体金属核，深蓝色部分是固体金属核，显然地球的固体核心没有水星大。

地球和水星的比较

11 水星表面是怎样的

从水手 10 号探测器拍摄到的水星表面照片来看，水星的平面地区散布着很多深坑。水星表面最大的陨石坑叫做卡洛里盆地，其覆盖区域超过水星直径的 1/4。卡洛里盆地大约有 1300 千米宽，比地球上最大的坑还要宽。

水手 10 号探测器拍摄的照片也显示了水星上绵延的群山，也有很多绵延不断的悬崖。科学家认为这些悬崖形成于几十亿年前。在那个时期水星可能非常寒冷，并且随着它外部地壳的不断压缩和弯曲其形状也改变了。

水星也有很大的平原，可能是由火山喷发造成的。科学家认为大约 30 亿年前，水星上的火山停止了喷发，大多数水星表面以下的活火山也停止了。科学家猜测从那段时期后水星表面经历了巨大改变。

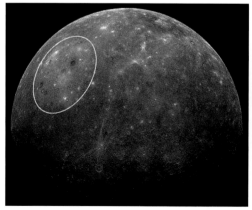

在水星卡洛里盆地上空拍摄的照片

水星为什么看上去特别暗

水星表面布满环形山，尘土飞扬，看上去很像月球。但水星看起来要比月球暗很多，目前科学家们尚不清楚什么原因。通过观察，科学家们发现水星行星反射的光仅为从月球收集到的光的 2/3。

关于水星为什么如此黑暗，有各种各样的解释。一种说法是：水星表面的物质可能与我们在其他行星上看到的物质相似，但水星上的极端高温使这些物质看起来更暗。还有一种可能性是：我们看到的水星表面是石墨，石墨可能在水星内部冷却的过程中形成，其中的一些物质在进一步的进化过程中被带到水星地表，所以造成水星表面看上去比较暗。

信使号航天器于 2011 年 3 月 17 日进入水星轨道，收集了大量的水星表面光谱信息

在晴朗的夜晚仰望星空，我们会看到一颗最亮的星星，它的亮度仅次于月球，这就是金星。金星是距离地球最近的行星，然而金星与地球却非常不同。因为它被一层硫酸云覆盖，所以不借助航天探测器是很难看清其真实面目的。

四

太阳系最亮的行星

金星在太阳系中什么位置

金星是太阳系的第二颗行星。金星的轨道位于地球与水星的轨道之间。与火星轨道比较，金星轨道更靠近地球轨道。

金星是环绕太阳运转的内行星，大约每 19 个月金星会接近地球一次。最近时，距离地球大约 3800 万千米。最远时，距离地球大约 2.6 亿千米。

平均而言，金星轨道距离太阳大约 1.08 亿千米，比地球距离太阳近了 4200 万千米，比水星距离太阳又远了 5000 万千米。

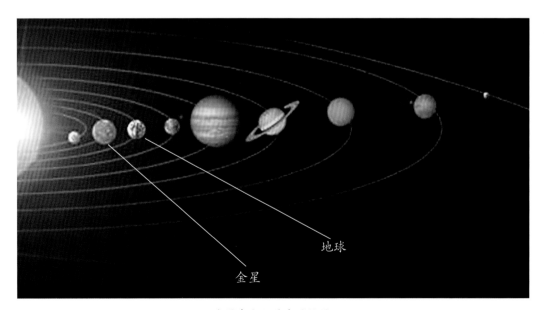

金星在太阳系中的位置

② 金星地表是怎样的

金星是一颗多岩石的行星，所以你可以在金星表面站立。但是由于金星的浓厚大气层，使得科学家很难从地球上观察其地表。

金星地表最明显的特征，就是其上面有成百上千个大小不同的火山，比较大的竟有 240 千米宽。金星的平原地区分布着龟裂和硬化熔岩。很久以前，这些熔岩从火山中喷发而出，之后冷却变干。金星表面没有水，但是在 1989 年麦哲伦号航天器却发现了一条漫长而曲折的硬化了的熔岩"河"。

金星上也有高山和深坑，而且还带有地球上无法见到的一些不寻常的特征。在这些奇怪的特征中有的像日冕，或者王冠。其中比较大的环状结构直径约为 580 千米。在金星上，镶嵌物是指被提高的地区，并且沿不同方向形成了许多山脊和山谷。金星地表的"日冕"和镶嵌物也是对金星的历史见证。

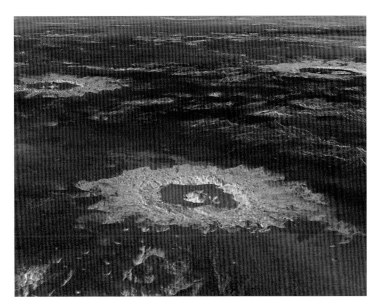

金星表面的火山

③ 人类怎样确定金星大气的温度和压力

从 1961 年到 1983 年，苏联一共发射了 16 颗金星探测器。但金星 1 号、2 号和 3 号都没有成功返回信号，所以第一颗探测到金星奥秘的是 1967 年发射的金星 4 号探测器，它是第一颗直接命中金星并成功向地面发回探测数据的探测器。

金星 4 号飞达金星轨道，向金星释放一个登陆舱，在穿过金星大气层的 94 分钟内，发回了金星大气温度、压力和组成成分的测量数据。

金星 4 号探测器

④ 金星上有活火山吗

　　金星上可谓火山密布，是太阳系中拥有火山数量最多的行星。目前人类已探测到的大型火山有 1600 多处。此外，还有无数的小火山，估计总数超过 100 万，至少 85% 的金星表面被火山岩浆覆盖。这些岩浆主要来自于 50 多亿年前爆发的火山，掩盖了很多原来的陨石坑。这就是金星表面的陨石坑比水星和月球表面的陨石坑要少的一个原因。

　　一些科学家认为金星上有的火山偶尔会变得活跃。NASA 空间探测器已经在金星地表发现疑似活火山口的"热点"，还在大气层中发现了由火山喷出的某种气体。利用麦哲伦号收集的金星地形与重力数据，科学家确认金星上仍有 9 个火山活跃地区。

金星上的活火山

047

⑤ 金星上的气候是怎样的

金星上的气候非常炎热，甚至比水星的气候还要炎热。这是由于金星上空厚厚的大气层圈住了它表面的热量，使其散发不出去。就像是地球上的温室圈住热量给植物加热一样，在金星上通常一天的平均温度高达 465℃。

由于金星太热，因此水在金星上是无法存在的。但是 NASA 探测器发现金星上有硫酸组成的"雨滴"，它们从金星的云层落下，并且金星的高温导致它们在降落到金星表面之前就被蒸发了。另外，从金星探测器发回的图像显示，在金星上经常有闪电出现。

金星云端的风速通常高于 320 千米每小时，相当于地球上强台风的速度。但金星表面的风速却只相当于一个人慢走的速度。

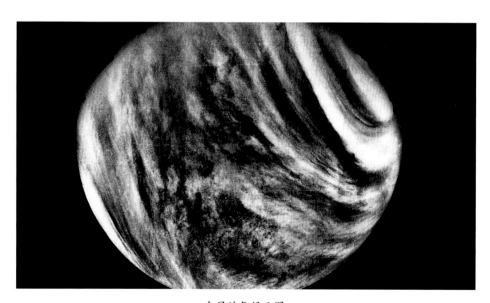

金星的气候云图

6 金星的大气层是怎样分布的

金星的大气层主要是由二氧化碳构成，还包含着少量的氮气和其他物质。金星大气层与地球的大气层不同，金星的大气层很厚并且浓云密布，其表面的大气压力等于地球表面 900 米深水处的压力。

在金星大气层中至少包含三层厚厚的云层在流动，这些云层是由含硫酸的小滴组成，这种硫酸可以用于汽车电池，其酸性很强，可以用来溶解金属。如果人们接触到会被灼伤皮肤，如果吸进肺里会损害肺部健康。一些科学家认为金星云层的硫酸来源于金星火山喷发。

金星探测器拍摄的金星云层

7 金星的组成是怎样的

科学家认为，金星的内部结构很可能和地球的内部一样。在金星多岩石的固体壳下面，是一些多岩石的熔融地幔。在地幔之下，是由铁组成的核心。这铁核心部分是熔融状态，或完全是固体。一些科学家认为，金星有熔融铁的外核和固态铁的内核。

地球外核液态金属的流动导致地球被磁场包围，在太空中，磁场就像一个巨大的条形磁铁。如果金星也有一个流动的金属外核，则它似乎也应该有一个磁场。但是，不知道为什么金星探测器没有在金星周围发现磁场。所以科学家认为，金星核心一定存在一些不同于地球核心的物质。

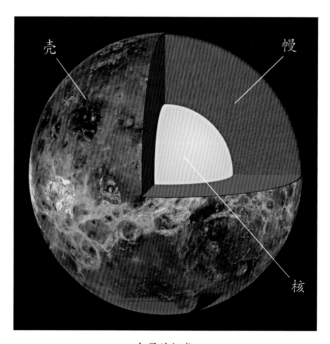

金星的组成

 金星有多火

金星有时被称为"地球的双胞胎"，因为它们的大小差不多。金星赤道的直径是12,104千米，比地球赤道直径小639千米。

从地球来看，金星是天空中比任何其他行星更亮的行星。金星也有相位变化，其相位变化范围从一个细细的银线形状到满圆形状。之所以出现这种现象，是因为太阳光照射到金星上的不同地区，而地球上的人们是在不同的可见时间观察金星。

由于金星表面覆盖厚厚的淡黄色的旋转云，所以金星看上去像是一个明亮的淡黄色物体，厚厚的毯状云层使人们在地球上通过望远镜看不到金星表面。直到有金星探测器着陆到金星，才拍摄到金星表面的照片，人们才看到金星表面有火山、山脉和大平原。

金星
直径为 12,104 千米

地球
直径为 12,743 千米

金星与地球的比较

9 金星在天空中的什么位置

金星是人类发现的第一颗行星，这是因为它是最明亮的。在刚刚日落后的西方低空中或在黎明之前的东方低空中可以看到这颗非常明亮的星星。当金星接近地球时，它位于天空的西方；当远离地球时，它位于天空的东方。当太阳位于金星和地球之间时，人们就无法看到它了。

如果你用天文望远镜观察金星，则能够看到金星的形状一天一天在改变，就像月球那样。

金星和月球在太空中闪耀

⑩ 金星上是否有生命

　　金星是一个干旱高温的星球，其上空覆盖着有强烈腐蚀作用的厚达几十千米的浓硫酸雾，所以无法支持任何生命生存。可以想象，金星表面温度高达460℃，足以把生命体烤成焦炭，金星表面大气压大约是地球大气压的100倍，足以把生命体压扁，金星上二氧化碳含量是地球上的一万倍，足以把生命体闷死……

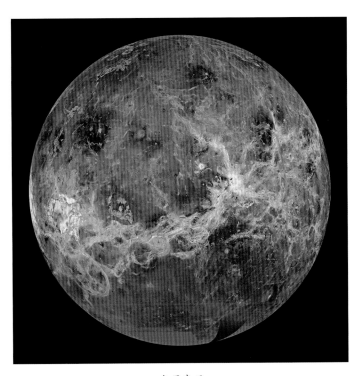

金星表面

11 金星大气层适合飞机飞行吗

大量研究表明，金星大气层适合飞机飞行，所以可以用飞机直接探测金星。不过，由于金星云顶的风速达到 95 米 / 秒，所以金星探测飞机必须克服金星上剧烈的风和腐蚀性大气层的影响，飞机的速度必须维持在风速或超过风速。

金星探测飞机（假想图）

12 人类会喜欢飘浮在金星之上吗

中国古代有一个笑话，有一个富翁要求建筑师为他建造一所只有第三层楼的"空中楼阁"，人们都嘲笑他愚昧无知。将来，这也许不是一个"笑话"，我们不仅会造"空中楼阁"，还要建立"太空城市"。

"此阁几何高，何人之所营。侧身送落日，引手攀飞星。"苏轼的这几句诗可以理解成对太空城市美好的期盼。

如果人类不能到其他星球上去生活，那可以尝试部署"云顶城市"。NASA 制定了一项移民外星球的计划：在金星上建造云城。他们相信金星的大气条件足以让航天器升空。他们将金星云层中的这一区域称为"最佳点"。"最佳点"位于金星上空 50 千米处，那里的大气重力和气压都比地球低。"最佳点"的平均温度比地球的平均温度高17 度左右，这也是人类可以忍受的。

在真正发射"云顶城市"之前，NASA 将发射一艘飞船，派遣一名航天员到那里生活一个月，测试人类在那里是否可以永久生存。

地球是距离太阳的第三颗行星，也是目前已知的唯一孕育和支持生命的天体，是人类的共同家园。几千年以来，人类对地球的研究与探索从未停止。也正因为如此，我们才更爱这个蓝色星球，更爱这个星球上的日升日落、山川草木。

五

地球的故事

为什么日落时太阳是红色或橙色的

　　在回答这个问题之前，先来讨论太阳在天空中的颜色。如果要问太阳是什么颜色的，人们一般都会回答白色、红色或者金黄色，但是却不能肯定太阳到底是什么颜色。那么，在日常生活中有没有办法观测太阳的真实颜色呢？

　　在白天人们是不能直接观察太阳的，但是可以利用放大镜将太阳的图像投影到纸上，观察投影图像就会发现太阳的颜色是白色。当太阳进入云层，阳光不那么强烈时，人们可以直接用肉眼观察，它似乎也是白色的。

　　太阳光包含红外线、可见光、紫外线，阳光的本色是白色的可见光，而白色是由多种不同颜色组合产生的白色视觉。由于空气有散射作用，当光线通过空气时，会有一部分偏离原来的运动方向，且光的波长越短，散射作用越大。日落时，太阳离地平线仅有 5° 左右，阳光到达人们眼中需要穿过大气层，由于蓝光波长短，红光波长相对较长，所以蓝光被大量散射，太阳只能呈现红光，这就是为什么日落时我们看到的太阳是红色或橙黄色的。

美丽的夕阳

2 日落和日出时太阳发出的光束为什么像探照灯

当太阳接近地平线时，有时会放射出华丽的光束，也称"丁达尔效应"。这是因为光线在大气层中发生的散射，或在前进的路径上透过胶体，如云、雾、烟尘等，在云或树木方向上形成光柱。

当空气中含有水滴或灰尘颗粒时，这些光线就特别美丽。太阳距离我们非常遥远，所以可以视来自太阳的光线是相互平行的，但是在到达地面的过程中或多或少会产生偏差，如同延伸到天际的火车轨道，看起来会在地平线附近相交。

日落和日出时产生的太阳光束

3 为什么一天中最热的时候不是中午

一天当中最热的时候是下午 2 点至 3 点，而不是中午 12 点。这是因为近地面的大气的热源主要来自于地面辐射，而地面辐射热量来自于太阳辐射。这期间的热量转换需要一定的时间，大约 2 个小时，所以人们感到的最高气温是下午 2 点至 3 点，中午 12 点只是太阳辐射最强的时刻而已。

地面热量来自太阳辐射，只要当地面热量收入（吸收太阳辐射）＞支出（向外散发热量），地面就必须持续升温。太阳辐射是在当地时间 12 点时达到最强，地面温度是午后 1 点达到最高，而近地空间气温是午后 2 点达到最高，中间存在着热量的传递过程，所以会有一定的时差。

在夏季的下午 2 点至 3 点期间，由于地球接收到的太阳辐射能量扩散，致使温度达到峰值；而下午 4 点以后，温度开始渐渐回落。因此，农民一般选择在下午 4 点以后下地做农活

4 为什么天空中的星星会闪烁而太阳系行星却不会

从其他星系的恒星发出的光芒需要经过一个很长的距离，穿过地球的大气层才能到达我们眼中。由于大气层温度和密度不同，会使大气层上层冷空气下沉，也会使下层暖空气上升，冷空气的密度大，而暖空气的密度小，密度大的空气不断流向密度小的空气，形成动荡、涡流和风。当光穿过大气层时，温度和密度不断改变的空气层会使光线发生多次折射，恒星发出的光传到我们眼中就会变得忽前忽后、忽左忽右、忽明忽暗，总在不断地变化，这就是星星闪烁的原因。

而观测太阳系行星发出的光芒，就不会看到星光闪烁。因为太阳系行星十分接近地球，所以光线穿过大气层时光线弯曲不大，因此太阳系行星天体的光芒就不会出现闪烁现象。

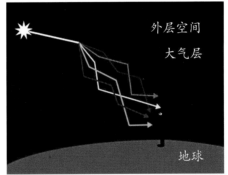

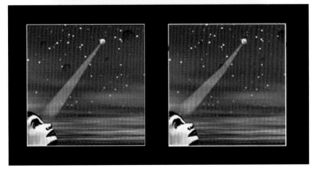

观测其他遥远的恒星（上图）和观测行星（下图）

⑤ 地球的过去与现在是一样的吗

今天的地球和46亿年前的地球是不同的。46亿年前地球没有大气、没有海洋、没有河流、没有高山，也没有生命。今天地球的外壳是由几个巨大的板块组成的。1912年，德国科学家魏格纳在不经意间发现了美洲大陆和非洲大陆的轮廓非常相似，之后他通过实地考察和研究，提出了"大陆漂移学说"。根据魏格纳的推测，在10~13亿年前，地球上只有唯一的一个大陆，在经过几亿年的慢慢运动后，才形成了今天我们看到的地球板块。而大约4亿年前，非洲还在南极上呢。

1968年，法国地质学家萨维尔·勒·皮雄把地球的岩石层划分为六个大板块，即太平洋板块、亚欧板块、美洲板块、印度洋板块、非洲板块和南极洲板块。其中太平洋板块全部沉没在海洋底部，另外五个板块上，既有大陆也包括海洋。

大约 3 亿年前地球上的超级大陆

地球的核心是怎样的

人类不断征服陆地和海洋，也能够潜入海底，甚至可以在空中翱翔，还登上了月球。但是却从来没有到过地球的核心部位。1906年4月18日凌晨5点12分左右，美国旧金山发生里氏7.8级大地震，死亡人数达6000人，经济损失达1亿美元。对美国人来说，这算是历史上的最大灾难之一。与此同时，英国地质学家奥尔德姆用地震波证实了地核的存在，他从这次地震记录的数据中发现，地震波的速度随深度增加到一定程度后开始降低，由此证明了地球是双层的，内部存在一个致密的液态地核。

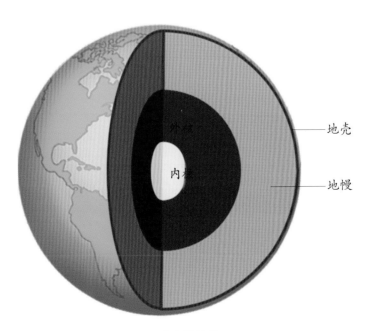

地球的结构

什么是海底扩张

20 世纪 60 年代，英国海洋地质学家赫斯提出了"海底扩张"的学说。海底扩张学说是在大陆漂移学说的基础上所发展起来的地球地质活动学说。在各大洋的中央有带状分布的海岭，这些带状海岭是下方地幔软流层的出口。熔岩自海岭不断流出，冷却而成为刚性强的大洋地壳。大洋地壳不断受到由海岭涌出的熔岩推挤而向两旁移动，使海面积扩大，同时大陆地壳受到推挤而分离。所以，海底扩张的原因是海水不平衡的压力导致的板块漂移。

地球上大约 3/4 的表面由海洋覆盖，海水的总量巨大，对海底以及周围陆地的压力也十分巨大。由于受到月球的引力作用和不同区域海水温度不同等因素的影响，海水对不同板块的压力是不平衡的，这就使得板块发生漂移，同时也就产生了海洋带状岭。随着地球温室效应的加剧，地球两极冰川的融化，海水总量的增加，海水对板块漂移的作用将增大，由此导致的结果就是地震和火山喷发增多。

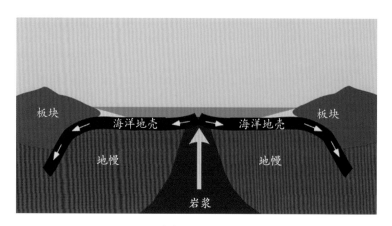

海底扩张的过程

8 假如没有闰年会怎样

地球就像宇宙飞船，依靠自身的旋转运动和有限资源来支撑人类生存。如果地球停止运转，它将没有四季轮回、没有昼夜更替。地球的运动属于复合式运动，这是因为它包含两种不同的运动，一个是自转，另一个是绕太阳公转。

地球绕太阳公转一周需要 365.24 天，比人类规定的一年多 1/4 天。这样每过四年就会多一天。所以天文学家就把这多出的一天加在第四年的 2 月末，使当年时间长度变为 366 天，这一年就是闰年。因此，凡是闰年的 2 月都是 29 天。如果不这样规定，大约在 780 年后，元旦将会同夏至碰在一起。规定闰年的目的是建立地球自转和公转的匹配关系。

回归年　　　　　　普通（平）年　　　　　　闰年

365.24 天
地球绕太阳旋转一周

365 天
地球绕太阳旋转一周
比回归年短 1/4 天

366 天
地球绕太阳旋转一周
比回归年多 3/4 天

回归年、普通年和闰年的关系

⑨ 太阳光线与地球纬度有啥关系

　　纬度的范围通常是从赤道的 0° 到南北极的 90°。在地球上，纬度相同的连线或其平行线，是一个与赤道平行的大圆。通常纬度与经度一起使用，以确定地表上某点的精确位置。GPS 或北斗导航仪器输出的数据就是当前位置的经度和纬度。

　　在地球表面不同的纬度上，所接收到的太阳辐射能量是不同的。在地球低纬度的地区，太阳光线辐射几乎是直射的，这时太阳辐射的能量被集中在地球上的一个小区域内，所接收到的太阳能量不会被扩散很多。在地球高纬度的地方，因为这时太阳射线以一定的角度照射到地球表面上，所以太阳光线就会斜射在地球上，照射面积比较大，接收到的太阳能量被扩散很多。

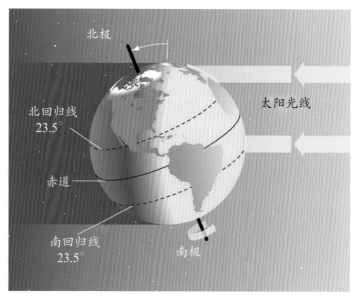

太阳光线与纬度

地球自转会让地球变形吗

地球并不是一个正球体，因为地球自转改变了它的形状。英国物理学家牛顿曾指出，地球由于是绕自转轴旋转，因而不可能是正球体，而只能是一个两极压缩、赤道隆起，像橘子一样的扁球体，但当时很多人反对牛顿的观点。后来，法国国王路易十四派出两个远征队，去实测子午线的弧度，证明了牛顿的扁球理论是正确的。

在赤道上，地球的直径是 12,743 千米，比从北极到南极的直径长 29 千米。在赤道上，地球自转的线速度是 465 米 / 秒，而在两极处，因为地球的周长比较小，所以自转的线速度就比较小。地球有一个自转轴，地球每天从西向东旋转，这就是人们每天看见太阳从东升起的原因。

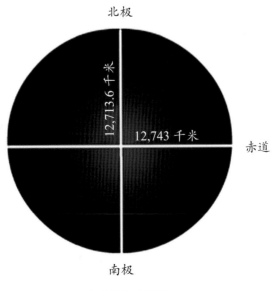

地球形状示意图

11 假如地球自转轴没有倾斜，会发生什么

太阳带给地球光和热，太阳辐射的角度决定地球表面某一范围（或区域）的温度。太阳垂直照射时，单位表面积接受的辐射量大，气温高。太阳倾斜照射时，单位表面积接受的辐射量小，气温就低。没有阳光照射时，气温会持续下降。

当地球北极倾向太阳时，太阳光的直射点在北半球，北半球接受的辐射量大，气温高，就是北半球的夏季。而在南半球，太阳是斜射地面的，单位表面积接受的辐射量小，气温就低，就是南半球的冬季。当地球的南极倾向太阳时，因为同样的原因，南北半球的季节恰好相反。

反之，假设地球自转轴没有倾斜，太阳直射点固定在赤道，则地球上一年中每天的正午太阳高度都不变，每天接收的太阳辐射都一样，气温也都一样，就不会有四季的区别，每个地方就只有一季，赤道和南北纬 30° 以内的地方永远是夏季，南北纬 60°以上的地方永远是冬季。

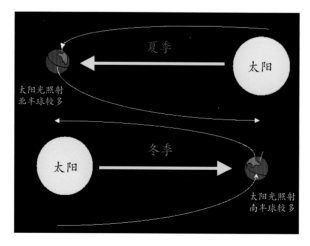

太阳照射角度决定地球的季节

12 太阳直射对地球公转有什么影响

地球绕太阳运行的轨道是椭圆形的，所以地球与太阳的距离并不总是相等。每年的 1 月份，地球与太阳的距离最近，大约为 147,496 千米，被称为近日点。每年的 7 月份，地球与太阳的距离最远，大约为 152,501 千米，被称为远日点。

假如 3 月 21 日，你站在赤道上，太阳正好在你头顶的正上方，其白天和晚上的时间相等，所以称这一天为春分。而 6 月 21 日称为夏至，这一天太阳会直射到北回归线，正好是北半球的夏天，同时也是北半球白昼最长的一天，北极圈内会出现极昼现象。

当春分过去六个月之后，9 月 23 日前后，也称为秋分，与春分一样，这一天的白天和晚上时间相等。三个月之后，12 月 21 日，也称冬至。由于地球的转轴倾斜，冬至太阳光直射到南回归线，这是南半球白昼最长的一天，也是北半球白昼最短的一天。冬至时南极没有黑夜，而北极则没有白天。

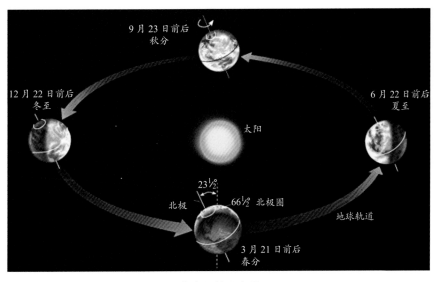

地球公转示意图

　　2021 年 2 月 19 日，美国毅力号火星探测器，携带着 43 个特殊的金属管和一架 1.8 千克重的小型直升飞机，着陆在火星杰泽罗火山口边缘地带的一个古老三角洲地区。在接下来的 7 个月里，毅力号将在火星表面行驶，并用特殊金属管采集尘土和岩石。然后，将这些管子密封存放在火星表面，等待几年后另一架航天器把它们带回地球。

　　今天我们就跟随火星探测器来一探火星的奥秘吧！

六

探索火星的奥秘

火星的大气层是否发生过变化

　　40 亿年前，火星的大气层比现在厚。从火星的地貌判断，那些类似河床的遗迹（如图所示）证明火星上曾有过河流。2004 年，NASA 的两个火星漫游车勇气号和机遇号分别着陆火星，并在火星表面进行拍照，勘测了大量的火星岩石和土壤化学成分，找到了火星大气层变化的证据。

　　大约 40 亿年前，火星上曾有水存在，这就意味着火星周围曾有比现在更厚的大气层，这层厚厚的大气曾把热量保留在火星表面，使火星表面足够的温暖，进而让火星上的水维持液体状态。

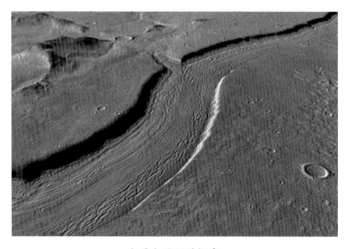

火星上干涸的河床

② 火星上最大的峡谷是哪一个

水手谷是火星上一个巨大的峡谷群，在火星赤道附近绵延4000多千米。1972年，美国火星探测器水手9号首次发现了它。

相比水手谷，地球上那些所谓的大峡谷是如此渺小。构成水手谷的峡谷群，最宽处100千米，最深处达10千米。在水手谷中心有三条大峡谷，形成了一个600千米宽的巨大缺口。而地球上最大的东非大裂谷平均只有1.6千米深，绵延也不过446千米，最宽处也只有29千米。

科学家认为，在几十亿年前，火星地壳由于表面张力过大引起分裂，从而形成了水手谷。而那时水手谷中可能还有水在流淌。

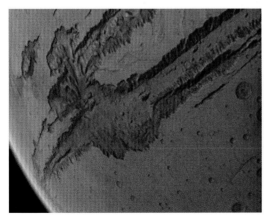

火星上的巨大"伤疤"——水手谷

3 火星上最大的火山是哪一座

火星上有太阳系中最大火山，其中四座大火山在塔尔西斯高地，位于火星赤道上一个凸起的地方，而这四座火山中最大的就是奥林帕斯火山。

奥林帕斯火山高约25千米，宽约600千米，比地球上最高的珠穆朗玛峰还要高出两倍多。早期科学家认为奥林帕斯火山山顶的白色物质是白雪，然而经过斟测，科学家发现那不是白雪，而是云朵。

目前科学家还不能确定这些火山最近一次喷发的时间，也许有一亿多年未曾喷发过了。而其他火山，从岩浆流上看，在大约200万年前曾喷发过。科学家预测，在将来某个时刻，火星上那四座大火山的岩浆会再次喷射出来。

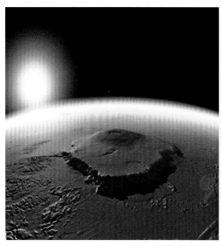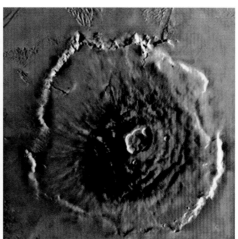

太阳系里最高的火山——奥林帕斯火山

④ 火星上最大的陨石坑位于哪里

火星有整个太阳系中目前已知的最大的陨石坑——赫拉斯盆地，它差不多和加勒比海一样大。赫拉斯盆地直径约 2300 千米、深约 9 千米，而地球上最大的陨石坑也只是直径达 300 千米的弗里德堡陨石坑。

火星上的陨石坑要比我们发现的其他星球上的陨石坑（包括月球上的）要平坦和光滑许多，因为月球上没有风和气候变化，而火星上有风和大气侵蚀着这些陨石坑。

许多火星陨石坑周围的岩石是从陨石坑中溅出来的，因为当陨石撞击火星形成陨石坑时会产生大量的热，这些热使火星地下的冰融化，湿润的泥土被溅到陨石坑周围。

火星上的陨石坑

5 火星两极是由什么物质组成的

火星南北两极的极冠是由固态二氧化碳覆盖的水冰构成的，表面一层是固态二氧化碳，地下一层是水冰。火星北极冠的水冰更多，而火星南极冠固态二氧化碳更多。

在火星的冬季，大气中的气态二氧化碳凝华，覆盖冰的表面。在火星的春夏季，这些固态二氧化碳又升华进入大气中。这个过程导致两极冠的形态总是随着季节而变化。

在冬季，南极冠可以蔓延半个火星南半球。在夏季，这些极冠几乎全部消失。然而北极冠大小变化却没有南极冠那么明显，因为无论是在冬季还是夏季，火星北半球总是比南半球寒冷得多。在北半球，沙丘环绕着极冠，这些层状物质看上去就像梯田一样一阶一阶地环绕着极冠。

 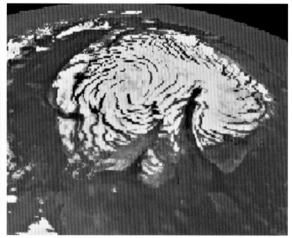

火星的两极

火星有四季变化吗

当行星自转轴倾斜时，行星表面上的光照量在一年里会不断变化。就地球而言，夏季北半球更温暖是因为它朝太阳倾斜。而南半球却背离太阳倾斜，所以此时正是南半球的冬季。

和地球类似，火星在一年期间也有春夏秋冬四季更替。火星自转轴倾角大约为25°，与地球接近，因此也有四季。但火星上每个季节几乎是地球的两倍长，这是因为火星公转周期约是地球的两倍。

火星的四季变化

7 目前火星上还有多少水

火星目前还有很多水。不过绝大部分水都被冰冻在火星两极的内部，以冰冻的土壤形式存在，也称为"永久冻土"。

假如火星上的水冰全部融化，火星表面将会形成一片浅海。科学家们估计这片浅海平均深度可达 90 米，这些水大部分是来自北极的冰盖。

NASA 在 2001 年发射升空的奥德赛号火星探测器载有可以探测火星地下水的仪器，用于探测藏于火星土壤 1 米深处的水冰。因为火星深处的温度高于冰点，科学家认为有大量未知的液态水可能存在于火星深处。

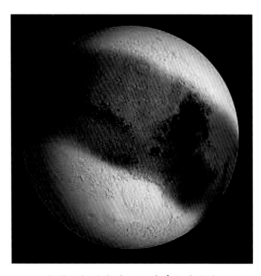

火星两极的冰盖下埋藏着大量水冰

2021年，在火星南极发现了一个"湖泊"，该"湖泊"被认为有很多水。科学家通过研究，认为这个显示有水的"湖泊"可能是火山岩

火星对于人类有着独特的魅力。人类很久以前就对火星充满各种幻想。在太阳系的八大行星中，火星是唯一的类地行星。科学家认为，火星上的奥秘只有派航天员登上火星才能得到真正的答案。自 1960 年以来，人类已向火星发射了 50 多颗探测器，慢慢揭开了火星的神秘面纱。2022 年和 2024 年将是火星探索的高峰年，预计 2050 年后火星上将移居 10 万地球人。

七

开发火星

火星碎片是怎样产生的

当陨石撞击行星时，尤其是当撞击特别剧烈时，撞击产生的压力足以使行星碎片逃离行星飞向宇宙深处。这些碎片可能会围绕太阳公转好几百万年，但最终会被另外一个行星的引力所吸引，并以陨石形式撞向该行星。科学家相信火星碎片也同样如此。目前，人类在世界多个地区，包括非洲、北美洲和南极，发现了30多块火星陨石碎片。其中最大一块火星陨石是1962年在尼日利亚坠落的，重达18千克。

科学家之所以能够分辨出是火星碎片，是因为这些陨石含有的化学成分与火星探测器探测出的火星土壤成分一致。

地球上发现的火星陨石

② 火星周围有多少颗卫星

　　火星有两颗环绕着的小卫星，分别被称为火卫一和火卫二，这两颗卫星并不像月亮那样圆，它们的形状很不规则，表面布满了陨石坑。科学家认为它们曾经是小行星，只不过后来被火星引力俘获而变为火星的卫星。

　　火卫一比火卫二大，其直径约为 27 千米。从火星表面看，火卫一可以在一个火星日之内三次东升西落。从目前的观察结果看，火卫一的轨道正在降低，而且在逐渐靠近火星，估计在 5000 万年以后，它会撞击火星，或者被火星引力扯碎，扯碎后产生的碎片将形成一个光环围绕着火星。与火卫一不同，火卫二直径只有 15 千米，目前正慢慢远离火星。

火星的两颗卫星

火星为什么会寒冷

很久以前火星是十分温暖的，类似于几十亿年前的地球。随着时间的推移，火星慢慢变成了现在这样，既干燥又寒冷。导致火星表面变冷的原因是它失去了厚厚的二氧化碳大气层，随着大气层越变越薄，火星丧失了保温能力。

火星大气层消失的原因目前还是一个谜。科学家猜测，可能是因为火星上的火山不太活跃了，产生二氧化碳的火山变得越来越少；也可能是因为火星没有足够的引力束缚大气，高能量的太阳风暴可能把火星大气中的化学物质吹到太空。火星探测器发现，火星大气层被太阳风暴吹走的运动仍在发生。

火星大气层正被太阳风暴吹走的示意图

我们在地球上怎样辨认火星

火星只能在一年中特定的几个月被观察到。在此期间，火星在星空中的亮度仅次于金星和木星。黄道是从地球上来看太阳一年"走"过的路线，即地球的公转轨道平面和天球相交的大圆，火星是在黄道附近缓慢运动的红色星星。

在某些年份期间，火星会转到地球附近，此时通过望远镜观察到的火星会更大更清晰，甚至可以观察到火星表面的阴影和火星一端的极地冰盖。

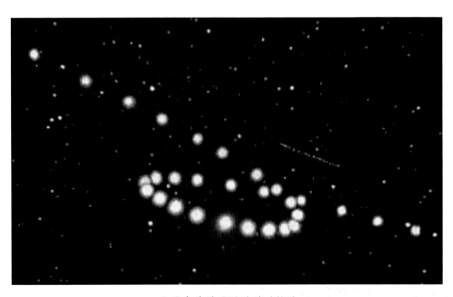

火星在黄道附近的移动轨迹

5 人类什么时候去拜访火星

　　许多科学家认为，关于火星上的一些未知的奥秘，只有派遣航天员登陆火星才能找到答案。但进行如此漫长的旅行，人类目前的科技水平还做不到，可能还需要几十年的时间，虽然如此，科学家们已经开始构想登陆火星的方案了。

　　人类去火星的旅行，即使在火星与地球相距最近时，航天员抵达火星也要 6 个月的时间。在未来，航天员将会乘坐太空漫游车勘探火星，他们可以研究火星的土壤和空气，还可以寻找火星上是否有水和生命的迹象，并采集岩石标本带回地球。

人类登陆火星假想图

6 人类将怎样改造火星

从古至今，火星一直是令人向往的地方，许多电影和小说把火星描绘为适合生物甚至是人类居住的地方。科学家相信，只要把火星变得像地球一样，火星移民将不是什么难事。

未来，人类可能会向火星释放气体，重建火星大气层，让这个大气层吸收来自太阳的热量使火星增温，这一系列的过程使火星两极固态二氧化碳升华并进入大气层，然后随着时间推移，这些额外的二氧化碳将会使火星大气层加厚，这些加厚的大气也将像地球大气一样吸收越来越多的热量，最终火星表面的温度足够让火星上的冰块融化。届时，火星将拥有河流、湖泊甚至海洋。到那时，一些绿色植物也将开始生长在这个湿润的星球之上，这些植物将会向火星大气释放氧气。

人类向火星移民假想图

7 人类为什么想定居火星

火星是个荒无人烟之地，气候寒冷，大气干燥，似乎并不适合人类定居。但或许正因为火星和地球有很多类似之处，包括体积、自转轴倾斜角度、内部结构和土壤成分等，都让人类对火星充满幻想。

在过去的几十年里，人类已经向火星发射了很多火星探测器，并收集到了大量信息，这些信息表明火星上曾经存在流动的水，以及曾经存在有机分子，或许更坚定了人类定居火星的梦想。

康斯坦丁·齐奥尔科夫斯基

几个世纪以来，人类对工业机械和矿物燃料的依赖，给地球环境带来了非常不好的影响，这是地球现代化发展中意想不到的结果。预计到 2050 年，地球人口将达到 96 亿，而且大约有 2/3 的人将生活在大城市中。随着日益严重的气候变化，到 2100 年地球上某些地区的生命将无法生存。由此可见，人类需要开拓一个"备份家园"。

火星上的矿物质非常丰富，这是人类现代化生活赖以生存的资源基础。人类可以在那里采矿，提炼各种金属材料，让火星成为"后稀缺资源"。与地球不同，在火星上向大气中排放污染物，会产生积极的效果，如排放二氧化碳会增加火星大气厚度和提升温度，从而使火星气候变暖，易于生物生长。

人类对火星的改造是由人的本性决定的，人类总是不断进取，又不断扩大自己的生存空间。20 世纪初，世界航天先驱康斯坦丁·齐奥尔科夫斯基说："地球是人类的摇篮，但是人类不会永远躺在摇篮里，而会不断探索新的天体和空间。"

⑧ 火星本来"面目"是什么样

据研究，在几十亿年以前，火星环境跟地球一样，是适合生命存在的。因此人类改造火星的目的就是要恢复火星的过去，还原其本来"面目"。科学家建议应该分两步走：第一步是火星生态系统的形成，第二步是火星地球环境的形成。

祝融号火星车着陆火星

火星生态系统的形成，就是在寒冷和荒凉的火星表面形成一个无氧生物圈。保证火星有充足的液态水，减少火星表面的紫外线，增加大气中的氧和氮的含量。无氧生物圈类似一个正反馈系统，当火星大气的密度和厚度增加时，可以减少火星表面的紫外线，可以产生温室效应，进而提高火星表面温度；反过来，当火星表面温度提高时，可以融化火星北极的冰盖，甚至融化永冻土中的冰，进而获得液态水。

提高火星表面温度有两种方法，直接加温法和间接加温法。直接加温法包括太阳反射镜、小行星撞击、引入碳氢化合物和在火星上进行核爆炸。间接加温法包括减少

通过增加碳氢化合物的手段来提高火星温度（假想图）

火星极冠的反射率，让极冠吸收较多的太阳光，从而达到提高温度的目的。

生态系统形成阶段结束后将进入地球环境形成阶段。火星地球环境形成的第一步是在火星的某些条件稍好的地方引进地球上依靠光能生长的微生物。这些微生物是利用太阳光作为能源，新陈代谢不需要有机物，但还没有一种能适应火星环境的微生物，或许未来利用转基因手段可以培育出来。

在火星上引进地球的微生物后，将改变火星大气的成分，特别是增加氮的含量。在成功引进微生物后，就可以在火星上种植植物，通过植物将火星大气中的二氧化碳转变成氧。火星上生长的植物可能也是转基因技术的产物，因为地球现有的植物不能在富有二氧化碳和缺氧的环境中生长发育。另外，这种植物要么自己授粉，要么由风授粉，不能由昆虫授粉，因为火星上没有昆虫。

火星上引进了微生物和植物之后，还要引进动物。当温度和湿度都比较适宜时，就可以繁殖动物逐渐使火星上的生物跟地球上的一样具有多样性。当人类大量移民到火星以后，火星上的生物圈才能迅速发展成跟地球一样。

　　火星地球化的概念就是将火星改造成人类可居住的星球。科学家计划用1000年的时间，将火星从一个珊瑚色充满沙漠的星球，变成一个绿色充满生命的星球，再变成一个蓝色充满科技文明的星球

在太阳系中，木星是体积最大，自转速度最快的行星。木星的外形和质量要比其他所有行星的总和大三倍，但也不及太阳的千分之一。木星有两个显著特点，一个是圆面的光度不均匀，中心比较亮边缘比较暗。另一个是木星并不是规则的圆形，而是两极比较扁平，与地球相似，甚至超过了地球。由于自转速度非常快，导致木星的赤道部分凸出来，造成显著扁率。

随着天文观测技术的进步，有越来越多的木星卫星被发现。目前，科学家们通过各种方法已经发现了 79 颗木星卫星。科学家们曾猜想，如果太阳不存在了，木星将成为太阳系中第二颗"太阳"，供给生命所需要的能量。

八

太阳系最大的行星

木星在太阳系什么位置

　　木星是太阳系中依次排序的第五颗行星，木星在椭圆轨道上绕太阳运行，与太阳的平均距离是 7.79 亿千米。它在近日点时同太阳的距离比在远日点相差约 7480 万千米。木星离太阳的距离大约是地球离太阳距离的 5 倍。

　　木星是天文学家所说的太阳系外层行星中最里面的一颗行星，其他的太阳系外层行星还包括土星、天王星和海王星，它们都是气体行星。

　　木星的轨道位于火星和土星的轨道之间，并且距离火星的轨道最近。

木星是太阳系中依次排序的第五颗行星

木星有多大

木星是非常巨大的。事实上，木星是太阳系中最大的一颗行星，其形状是一个扁球体，它的赤道直径约为 142,800 千米，是地球的 11.2 倍。如果把木星看作是一个空心球，那么它里面能够盛满 1300 个地球。

不仅如此，木星也是太阳系中质量最大的一颗行星。它有着极其巨大的质量，是太阳系其他七大行星总和的 2.5 倍还多。

就木星未来的演变趋势来看，木星很可能成为太阳系中能与太阳分庭抗礼的第二颗恒星。不过尽管木星是行星中最大的，但跟太阳比起来又小巫见大巫了，其质量也只有太阳的千分之一。事实上，科学家认为假如木星的质量能够再增大 100 倍，那么它很有希望成为一颗恒星。据研究，30 亿年以后，太阳就到了它的晚年，木星很可能取而代之。

木星与其他行星的比较

③ 木星看起来是什么样

近距离观测木星，会发现木星表面覆盖着厚厚的云层，而木星最明显的特征就是这些由气流形成的多彩云层。木星表面云层的多彩可能是由大气中化学成分的微妙差异及其作用造成的，其中可能混入了硫的化合物，造就了五彩缤纷的视觉效果，但是其详情仍无法知晓。这些云层就像是木星上的一条条绚丽的彩带，色彩的变化与云层的高度有关，最低处为蓝色，跟着是棕色与白色，最高处为红色。

我们在木星表面还会发现一个巨大的红色卵形区域，它被称为"大红斑"，位于木星赤道南部。科学家研究认为，"大红斑"是一个比地球还大的巨大漩涡风暴，它已经存在了至少300年。

木星的"大红斑"

4 木星有多少颗自然卫星

木星有 16 颗直径至少为 10 千米大的自然卫星。除了这些大卫星，木星还拥有许多小卫星。在 2018 年的一次统计中，木星拥有的自然卫星总数已达 79 颗，木星成为太阳系中拥有最多自然卫星的行星，并且天文学家仍在继续观测是否有更多的木星卫星。

木星卫星种类很多，其中一些还具有大气层，这些卫星都有自己的特点，它们的大小、颜色和密度都不一样。由于木星拥有的卫星不仅数量多而且类型各异，天文学家有时会认为木星连同它拥有的卫星就是一个名副其实的小太阳系。

旅行者 2 号探测器发现的一颗木星卫星（这颗卫星上的火山活动是地球的 100 倍）

木星有几颗伽利略卫星

木星有四颗比较大的卫星，用普通望远镜在地面就可以观察到它们。1610 年，意大利天文学家伽利略使用自制的望远镜观测木星，随后发现了木星的 4 颗卫星。不久后被分别命名为木卫一（Lo）、木卫二（Europa）、木卫三（Ganymede）和木卫四（Callisto）。这四颗卫星后来被称为伽利略卫星。

木卫一的直径约为 3643 千米，是伽利略卫星中最靠近木星的卫星。与太阳系中其他星体相比，木卫一拥有最频繁的火山活动。

木卫二表面有一个薄薄的冰外壳，它的直径是 3122 千米。

木卫三是目前已知太阳系中最大的卫星，它的直径是 5262 千米。

木卫四是伽利略卫星中距离木星最远的卫星，它的表面十分古老，而且都是环形山，就像月球和火星上的高原，它的直径是 4821 千米。

木星的伽利略卫星群

6 木星的表面是怎样的

通过探测器，科学家发现木星的云顶类似一个固体表面，但是人们无法站立在木星表面上；虽然木星表面有一层厚而浓密的大气层，但并没有厚到可以支撑人类站在上面。

木星离太阳的距离比地球远得多，它接受到的太阳辐射能量也少得多，表面温度理所当然要低很多。根据测算，木星表面的温度比地球大约低89℃。

木星向外辐射能量，比起从太阳吸收到的要多。木星内部很热，它的内核处可能高达20,000℃。虽然木星的内部热量使得木星表面的气流变暖并上升，但这些气流在上升的过程中逐渐冷却，进而产生了风暴，其中的一些风暴会持续上百年。

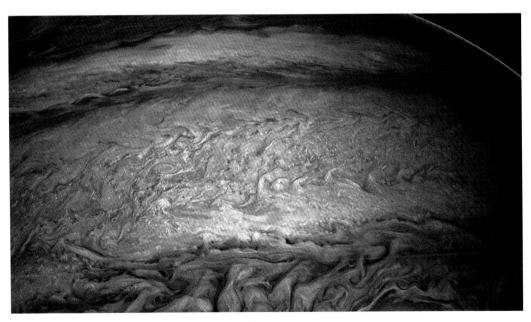

木星表面的风暴

7 木星周围的光环是怎么形成的

以前科学家并不知道木星周围的光环，直到 1979 年 3 月旅行者 1 号探测器穿越木星赤道平面时，才发现木星和土星一样也拥有光环。4 个月之后，旅行者 2 号探测器飞临木星证实了这一结论。

科学家经过研究，发现木星实际上有四种弥散透明的光环。其中，最亮的那个被称为主环，稍弱的被称为光环，两个最弱的被称为薄纱光环。在亮度上，所有环都比土星光环微弱。科学家认为，木星的这些光环应该是由木星的卫星和附近的小流星碰撞出的尘埃和陨石形成的。

木星的光环及其内部的卫星

⑧ 为什么木星上会发生强大的风暴

木星上的风暴速度是非常快的，而木星赤道则是风暴速度最快的地方，可达到 650 千米 / 小时。

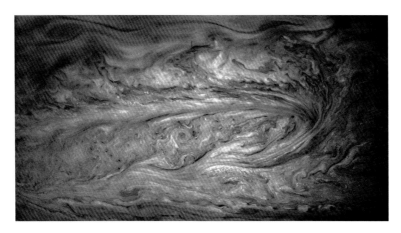

木星上的风暴云图

木星因为自转很快，在大气中产生了与赤道平行且明暗交替的气流带纹，其中亮带纹区域中的气温相对较低，并且该处的云层和气体正在上升；而暗带纹区域中的气温相对较高，并且该处的云层和气体正在沉降。上升与沉降的云层和气流不断交替，便形成了强烈的对流，进而导致如此强大的风暴。

木星上巨大的"红斑"受风暴影响变化的示意图

9 木星的大气环境是怎样的

木星的大气云层厚且浓密，主要由氢和氦两种元素构成，这两种元素的比例类似于太阳的比例，除此之外木星大气层还含有少量的甲烷、氨、硫化氢和水。

科学家将木星的大气层从下到上，分为对流层、平流层、增温层和散逸层，每一层都有各自的温度梯度特征。最底层的对流层是云雾，呈现一种朦胧的美；最上层的氨云是可见的木星表面，组成若干道平行于赤道的带状云并且被强大的带状气流分隔着；这些交替的云气有着不同颜色，使得木星的表面呈现出深浅不一的条纹。其中，暗的云气称为"带"，而亮的云气称为"区"。"区"的温度比"带"低，所以"区"是上升的气流，而"带"是下降的气流。每一条区和带都有自己专属的名称和独特的特征。

木星表面的大气层可以制造不稳定的带状物、漩涡、风暴甚至闪电；漩涡自身会呈现巨大的红色、白色或棕色的斑点，其中"大红斑"是最大的斑点。

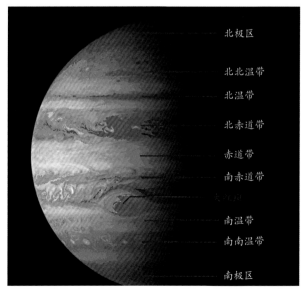

北极区
北北温带
北温带
北赤道带
赤道带
南赤道带
大红斑
南温带
南南温带
南极区

木星的云图

10 木星和彗星为什么会相撞

1994 年，一颗名为苏梅克－列维 9 号的彗星断裂成了 21 个碎块，其中最大的一块宽约 4 千米，并以每秒 60 千米的速度向木星撞去。

据科学家推测，这颗彗星环绕木星运行大概有一个多世纪了，但由于它距离地球太遥远、亮度太暗淡，人们一直没有发现它。而它真正的家是在柯依伯带里，由于过往星体产生的引力摄动的原因，不时有一些彗星带脱离柯依伯带，苏梅克－列维 9 号彗星就是被木星引进来的一位"不速之客"。

这次彗木相撞的撞击点正好面向地球的背面，所以在地球上是无法直接看到的，但由于木星的自转周期为 9 小时 56 分钟，撞击点可以随着木星的快速自转运行到面向地球的位置，所以人们隔 20 分钟左右就能看到彗木撞击后出现的蘑菇状烟云。

木星与苏梅克－列维 9 号相撞

11 木星是由什么组成的

木星与地球是完全不同的行星，地球主要由岩石和金属组成，而木星主要由氢和氦元素的混合气体组成。实际上，木星是一个具有石质内核的气态行星，从星体结构上看，它包括四个层面。木星的中心是固态内核，其质量相当于地球质量的 10~15 倍，尽管内核温度会达到 35,000℃，但由于压力很高，所以仍然存在固态的放射性金属、岩石和冰晶体。

邻近内核的外层主要由液态金属氢组成，它不仅是木星质量和体积的主导者，还是木星磁场的创造者。这一层还含有一些氦和微量的冰。

再向外层则是分子氢和氦所构成的"超临界状态"层。在这里，氢和氦处于超临界流体状态，它们运动流畅，但不是气体。这里的超临界流体没有表面张力，并且可以像气体般地在给定容积内自由扩散。木星的最外层是由液态氢和氦组成，而且越往中心方向深入，密度越大。

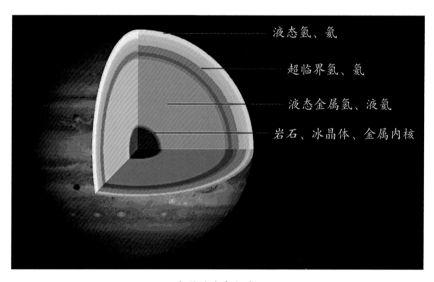

液态氢、氦
超临界氢、氦
液态金属氢、液氦
岩石、冰晶体、金属内核

木星的内部组成

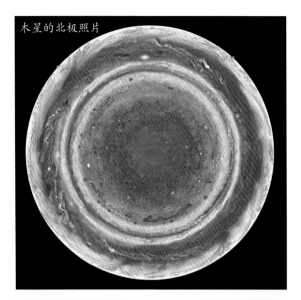

木星的北极照片

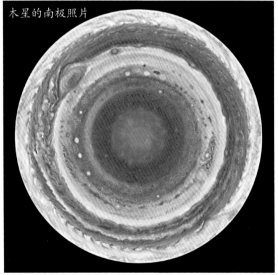

木星的南极照片

　　2000年12月，卡西尼号宇宙飞船在飞往土星的途中经过木星时，拍摄了木星南北半球的极地立体投影图。投影集中在木星的南北极，一直延伸到木星的赤道。这两张照片显示了木星的"上方"和"下方"，详细地显示了云的特征和漩涡，包括红棕色和白色的带。在南极照片上，"大红斑"可以清晰地看到

很久以前，人们将彗星称为"扫帚星"，视为不祥征兆。其实，彗星也是太阳系中的重要一员，也绕着太阳运转。当它接近太阳时，巨大的热量使彗星物质蒸发，所以人们能看到它带着一条长长的尾巴，神秘地高挂在夜空之中。

九

揭秘彗星

彗星是什么样的

　　一般的彗星都有一条长长的尾巴，头部具有块状固体（被称作彗核）。当人们从地球观察彗星时，一般看不见彗核，因为它太小了。但可以看见彗星的其他部分，如彗星的彗发和彗尾。

　　当彗星靠近太阳时，太阳的热量使彗星中的冰升华，在彗核周围形成朦胧的彗发和一条由稀薄物质流构成的彗尾。由于太阳风的作用（太阳风是从太阳上层大气射出的超声速等离子体带电粒子流），彗尾总是背离太阳的方向。

在地球上观察到的彗星（注意彗星有两条尾巴）

彗星的彗发是什么

地球的外层有一层气体环绕，我们称之为大气层。彗星同样也拥有大气层，只是比地球的大气层更为稀薄和纤细。彗星的大气层称作彗发，它包裹着彗核并发出光芒。太阳照射时，彗核散发出的灰尘和气体形成了彗发。彗发向太空中扩散的距离比地球大气层向太空扩散得更远，一般是10万千米，有的甚至超过15万千米，比太阳直径还长。

彗星的彗发

3 彗星的到来是有周期性的吗

按照彗星访问地球附近的情况，可以将彗星分为两类。对于那种只出现一次，然后便一去不复返的彗星，被称为非周期彗星。它们也许一生就在茫茫宇宙中游荡，或者被其他星体吸引，与其他的行星发生撞击并被吞灭。另外还有一种彗星被称为周期彗星，它们围绕着太阳做周期性的运动。通常，周期彗星是沿着椭圆轨道运行。

而周期彗星又分为短周期彗星和长周期彗星。短周期彗星是指围绕太阳公转周期少于 200 年的彗星，而长周期彗星的周期一般长于 200 年。这就意味着人们在过去 200 年里发现的长周期彗星还没有回来过，但是科学家可以通过测量彗星的运动速度和环绕路径而计算出彗星的运行时间和周期。

彗星访问近地空间时被拍摄到的照片

4 彗星围绕着什么轨道运行

太阳系中的行星都在同一平面，或者说在同一水平层面上围绕太阳运行，就好像它们被平铺在一个圆形的桌面上。而周期彗星却不在这个平面上运行，它们以不同的轨道倾角围绕着太阳运行，在这个平面之上，或者在这个平面之下。

大多数短周期彗星是沿着太阳在柯伊伯带内运行（这个区间带在海王星之外的空间区域）。而大多数的长周期彗星也许会将轨道延伸得更远，一直延伸到奥尔特云（在太阳系边缘的一段辽阔的由无数天体构成的球状和贝壳状的星云）附近，奥尔特云附近也许就是数以十亿计的"死亡"彗星的家园。在那里，几乎是每时每刻都有彗星被"拉入"太阳系，并开始它们的盛大旅行。

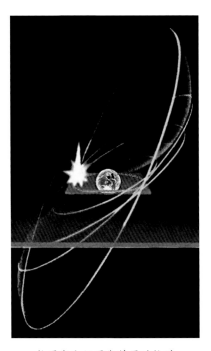

长周期和短周期彗星的轨道

5 为什么彗星有两条彗尾

从太阳发射出的辐射和高能粒子将彗星的头部"吹"出一条或者多条的彗尾，所以当彗星接近太阳时，彗尾最长，而远离太阳时，彗尾又开始缩短。

事实上，大部分彗星通常有两条彗尾，一条是由尘土组成的，另一条是由气体组成的。由于彗星在太空中高速运动和行星引力的合成作用，尘土构成的彗尾会稍稍有点弯曲。由于气体比固体更轻，且更易被太阳风吹动，所以气体构成的彗尾通常是笔直的。另外，由于尘土颗粒可以反射或者反弹光线，所以尘土彗尾是闪亮的；因为气体中的粒子本身就可以发光，所以气体彗尾也是发光的。

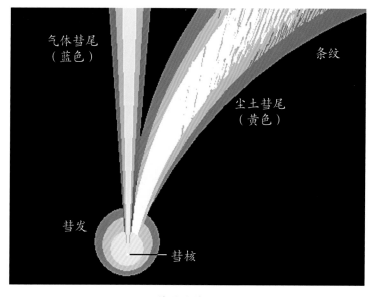

彗星的彗尾

6 彗核的内部是什么

　　彗星头部的内层是彗星的彗核，它是一颗又小又黑的石块，大多数彗核的尺寸不超过 50 千米。早期人们认为彗核是覆盖着一层冰的小卵石颗粒，所以形象地称其为"碎石银行"。1950 年，美国航天员惠普尔提出了著名的"脏雪球"的概念，他认为彗核是由尘土颗粒和岩石碎片混合的巨大冰块。彗核的冰块并非简单的冰水，还有其他的冰冻物质，比如说固态甲烷、二氧化碳和氨，而这些物质在地球上都是气态的。

　　2005 年，美国深度撞击号航天器释放了一个撞击器与坦普尔 1 号彗星的彗核进行深度撞击，撞击结果证明彗核所包含的冰状物质比原先假想的要少，相反尘土颗粒和岩石碎片比原先假想的要多。以前把彗核描绘成一个"脏雪球"，今天由于发现彗核的岩石碎片和尘土颗粒比冰多，所以又把彗核称为"冰状脏雪球"。

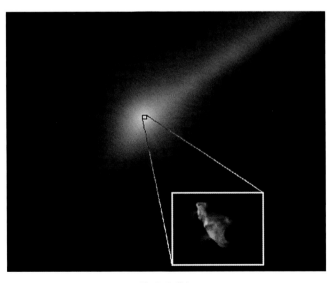

彗星的彗核

7 彗星的形成和归宿是什么样的

彗星的彗发和彗尾不是总存在的，只有当彗星靠近地球时，也即接近太阳时，接受到足够的热量，彗发和彗尾才开始形成。当彗核离太阳的距离比木星离太阳的距离近时，彗核的表面开始升温，其内部的气体便与尘土和块状岩石一同迸发出来。彗星的彗发越来越长，看起来就像一颗模糊的星星。紧接着它的彗尾便开始形成，彗星越靠近太阳时，彗尾会越来越长。

当彗星沿着弯曲的轨道运行，远离太阳进入深空时，彗尾会变得越来越短，彗发逐渐暗淡，彗核的表面变冷，不再喷发出尘土和气体。最终，彗星变成一颗普通的石块，飘向更加冰冷黑暗的太空深处。

远离太阳的彗星飘向冰冷的深空

彗星的起源之谜

对于长周期彗星的起源问题，早在 20 世纪 30 年代至 50 年代，一些天文学家认为这种类型的彗星起源于一种围绕在太阳系周边的云团，现在被称为"奥尔特云"，距离太阳大约 2000~5000 天文单位（1 天文单位约等于 1.5 亿千米）。人们能经常看到新彗星造访内太阳系，这说明在太阳系周围必定存在着一个"彗星仓库"，当恒星在"奥尔特云"附近经过时，就会扰动其中的物质团块奔向太阳，最终抵达内太阳系形成新彗星。

大约 46 亿年前，太阳被包围在一个巨大的物质盘中，后来其中的大部分物质逐渐形成了行星，剩余的物质被木星和土星弹射到太阳系边缘。"奥尔特云"的概念提出以来，其实一直停留在假说阶段，没有得到观测认证。到目前为止还没有人类的探测器抵达如此远的地方，也没有足够强大的望远镜能够直接看到它的存在，因此这仍旧是一个研究课题。

什么是哈雷彗星

哈雷彗星每隔 76 年就能接近地球一次，人的一生中可能会经历两次它的来访。在公元前 240 年，或在更早的公元前 466 年，哈雷彗星返回内太阳系就已经被天文学家观测和记录到。但当时观测者并不知道这是同一颗彗星的再出现。英国天文学家埃德蒙·哈雷最先估算出它的周期，所以这颗彗星被命名为哈雷彗星，以纪念哈雷的工作。

哈雷是怎样发现这颗彗星的呢？哈雷从 1337 年到 1698 年的彗星记录中挑选了 24 颗彗星，计算了它们的轨道，发现 1531 年、1607 年和 1682 年出现的三颗彗星轨道看起来如出一辙。但哈雷没有立即下结论，而是不厌其烦地向前探索。通过大量的观测、研究和计算后，哈雷大胆地指出，1682 年出现的那颗彗星，将于 1758 年的年底再次回归。在那个时代，还没有任何人意识到彗星能定期地回到太阳附近。

1759 年 3 月 13 日，这颗明亮的彗星拖着长长的尾巴，出现在星空中，哈雷的预言经过半个多世纪的时间终于得到了证实。这颗周期回归的彗星被命名为哈雷彗星。

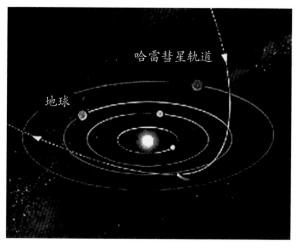

哈雷彗星运行轨道

10 哈雷的贡献表现在哪里

埃德蒙·哈雷 1656 年出生在伦敦附近的哈格斯顿。1673 年进入牛津大学学习数学。1676 年，20 岁的哈雷毅然放弃了即将到手的学位证书，只身搭乘东印度公司的航船，在海上颠簸了三个月，在圣赫勒拿岛建立了一座天文台，然后进行了一年多的天文观测，绘制了世界上第一份精度很高的南天星表。

哈雷另一个贡献是劝说牛顿写出了经典力学的奠基之作《自然哲学的数学原理》，并慷慨解囊支付这部巨著的出版费用。

哈雷还发现了月球运动的长期加速现象，证明恒星不是恒定不动的。此后，他又选择了彗星这一前人涉及不多的领域，进行了深入的研究，开创了认识彗星和研究彗星的新领域。

埃德蒙·哈雷

11 哈雷彗星的运行轨道是怎样的

在所有的彗星中，哈雷彗星算是非常独特的，因为它不仅足够大，还很活跃且轮廓清楚，而且还有规律性的轨道。大部分彗星都是不停地围绕太阳沿着很扁长的轨道运行，公转周期一般在 3 年至几百年之间。周期只有几年的彗星多数是小彗星，用肉眼很难看到。不沿椭圆形轨道运行的彗星，只能算是太阳系的过客，一旦离去就不见踪影。大多数彗星在天空中都是由西向东运行。但也有例外，哈雷彗星就是从东向西运行的。哈雷彗星的公转轨道是逆向的，与黄道面呈 18° 倾斜。另外，它像其他彗星一样，偏心率较大。

与先前预料的情况相反，哈雷彗星的彗核非常暗，是太阳系中最暗的物体之一。哈雷彗星彗核的密度很低，大约为 0.1 克 / 立方厘米，说明它多孔，可能是因为在冰升华后，大部分留下来的都是尘埃。

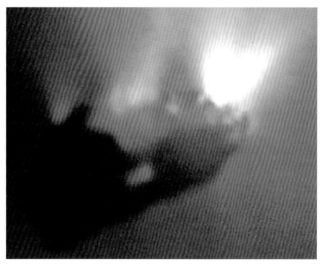

哈雷彗星的彗核

12 哈雷彗星的寿命还有多长

哈雷彗星在茫茫宇宙的旅行中，不断地向外抛射着尘埃和气体。从 1986 年回归以来，哈雷彗星总共已损失 1.5 亿吨物质，彗核直径缩小了 4 米 ~ 5 米。

哈雷彗星每 76 年就会回到太阳系的核心区，每次大约会损失 6 公尺厚的冰、尘埃和岩石。哈雷彗星的彗尾就是由这些碎片组成的，并散布在彗星轨道上。哈雷彗星横跨太阳系的跋涉并不是悠哉游哉的闲庭信步，来到太阳附近一次，它便要被剥掉一层皮。据科学家估算，再经过 38 万年即 5000 次回归后，这种有去无回的物质损耗将导致哈雷彗星走向消亡。

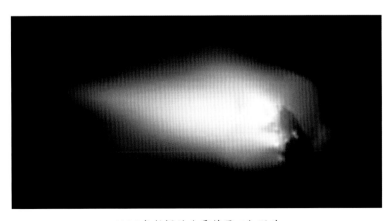

1986 年拍摄的哈雷彗星回归照片

太阳系中，有很多围绕太阳运转但不符合行星和矮行星条件的天体，主要包括小行星、彗星、流星体和其他星际物质。所以，小天体是天文学界在解释太阳系内行星和矮行星时，产生的新天体分类项目。除了小行星、彗星和流星之外，小天体的上界和下界是很不明确的。

揭秘小天体

什么是空间小天体

我们在夜空中看到的绝大多数星星都是非常巨大的，闪闪的星星看起来很小是因为它距离我们太远了；事实上，有些星星要比太阳大成千上万倍。然而，除了恒星、行星以及它们的卫星之外，太阳系中的确还存在着无数个小天体。它们看起来相对较小，但却能给人类提供太阳系、行星和其他星体的重要信息，甚至包括地球上的物种起源和灭绝的相关信息。

2006 年，科学家决定将彗星、陨石、流星以及其他类似的围绕太阳运行的非行星或者非卫星的天体统称为空间小天体。彗星是太阳系中的小天体中的一类，由尘埃和冰冻物质组成。小行星是围绕太阳运行的一种比行星小的不平整的块状天体，大部分小行星在火星和木星之间的空间中运行。流星是比小行星小的石块，大部分比沙粒或者尘土还要微小；在宇宙空间里，有些流星围绕着太阳运行，但有些却在太阳系中任意游荡。

宇宙空间的陨石

② 木星有哪些小行星邻居

木星的邻居是小行星，它们是亿万年前太阳系形成初期遗留下来的不规则形状的天体。科学家估计木星轨道附近的小行星数目应该达到数百万。最早发现的有谷神星（Ceres）、智神星（Pallas）、婚神星（Juno）和灶神星（Vesta），它们是小行星中最大的四颗，被称为"四大金刚"。

多数小行星是由金属或岩石材料组成，或者是由含丰富碳的矿物质组成。类似于太阳系中的行星。小行星也是围绕太阳旋转的，但是它们不具备行星的其他特征，比如被大气层包围等。

小行星的大小从直径约 530 千米的灶神星到直径小于 10 米的天体不等。但在太阳系中，所有小行星的质量总和小于地球的卫星月球。

伽利略号于 1993 年拍摄的小行星和它的卫星

什么是小行星带

　　小行星带是太阳系内介于火星和木星轨道之间的小行星密集区域，也称为主带。科学家发现小行星带可分为两个不同的区域，小行星带的外缘以富含碳元素的 C- 型小行星为主，这类小行星年代久远，从太阳系形成以来没有发生过大的变化；小行星带内侧靠近地球的部分以富含金属矿物成分的小行星为主，科学家猜测这些小行星是在很高的温度下形成的。

　　在小行星带之外靠近木星的位置还存在着 2000 多颗小行星（如图所示），它们被称为特洛伊小行星，这些小行星是以古希腊传说中特洛伊战争的英雄人物命名的。

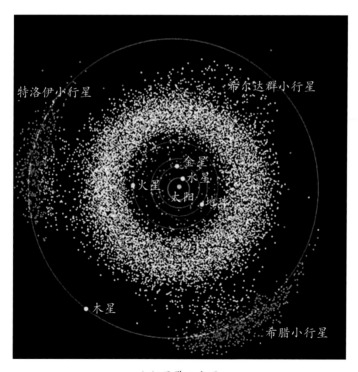

小行星带示意图

小行星表面是什么样的

小行星有很多不同类型的表面，有些看起来是黑暗的，有些则看起来很明亮，这是因为它们表面反射了太阳光。小行星地表形态的不同与构成小行星的物质有关。例如，黑暗小行星通常由富含碳的物质构成，明亮小行星含有很多能够反射太阳光的金属矿物质，其发光的表面为科学家研究小行星提供了良好的视野。

有些小行星表面甚至存在着"山峰"。1996年，哈勃空间望远镜拍摄到的一张灶神星照片，显示了灶神星表面有一个巨大的火山口。黎明号探测器接近灶神星，对其表面进行观测。科学家认为这个火山口是由一个大的物体撞击灶神星而形成的，撞击时产生了大量的热，使得熔岩在流回火山口的过程中在火山口中心形成了一座山峰。

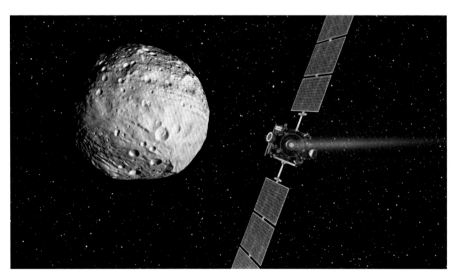

黎明号探测器进入灶神星轨道，对其表面进行观测

⑤ 所有小行星都在小行星带中吗

　　尽管绝大部分的小行星都位于木星附近的小行星带内，但仍然有部分小行星在太阳系的其他区域绕太阳旋转，这类小行星多被称为近地小行星，按照轨道的不同，可以划分为三类近地小行星：阿登型小行星——它们的轨道几乎或全部位于地球轨道内部；阿波罗型小行星——它们的轨道偶尔穿过地球轨道；阿莫尔型小行星——它们的轨道穿过火星轨道，而不是地球轨道。

　　除此之外，太阳系中还存在着其他一些小行星，特洛伊小行星与木星有着相同的轨道，半人马小行星存在于太阳系的外围空间，并且最终有可能变成彗星。

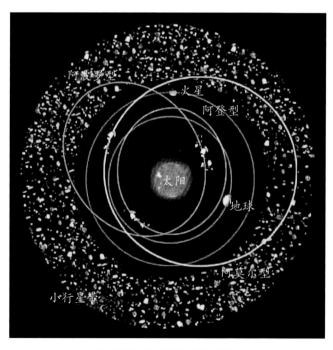

三类近地小行星轨道示意图

6 我们能从小行星上了解什么

科学家已经从小行星上了解到很多关于太阳系历史的信息，对于小行星的了解多数来自于对陨石的研究。陨石是从外太空穿过大气层陨落到地球表面的固体颗粒，很多科学家认为大部分的陨石是从小行星上分裂脱落的碎片。体积较大的陨石，将会对地球生命构成极大的威胁。

科学家们对小行星有着极大的兴趣，小行星年代久远，很多在亿万年的时间中没有发生过变化。因此，小行星可以告诉科学家很多关于太阳系如何形成的信息，例如，通过研究小行星的组成成分，可以了解到在太阳系形成初期的物质类型和成分，特别是对探索生命的起源有重要的帮助。

位于美国亚利桑那州北部的巴林杰陨石坑

7 太阳系中的 3 "M" 是指什么

在太阳系中，有三类英文名称以"M"开头的小天体经常让人产生混淆，这三类小天体分别是流星体（meteoroid）、流星（meteor）和陨星（meteorite）。流星体、流星和陨星，都是宇宙中的碎屑，只是在不同状态与情形下有不同的名字。

流星体是太阳系内颗粒状的碎片，其尺度可以小至沙尘，大至巨砾，但通常比小行星小得多。它们并不是按照一定的轨道绕太阳旋转，而是在太空中以任意路径运行。多数流星体是由小行星、彗星、自然卫星等天体在撞击后分裂而产生的。

流星是流星体进入地球大气层后撞击摩擦而产生的光亮现象。流星现象通常发生在大气层距地面约 50 千米的空间。

大多数落入地球的流星体会在大气层中燃烧殆尽，但部分流星体由于体积巨大、抗熔性好或者以特殊角度进入大气层等原因而在大气层中没有燃烧完。部分残留的碎片落入地球表面，这就是所谓的陨星，也称作陨石。事实上，流星体不仅仅会落入地球，也会落入其他行星、自然卫星以及小行星从而形成陨石。

流星（左）及陨石（右）

⑧ 奇幻的流星雨和流星风暴是怎样形成的

流星雨的产生一般认为是流星体与地球大气层相摩擦的结果。流星群往往是由彗星分裂的碎片产生，成群的流星就形成了流星雨。流星雨看起来像是流星从夜空中的一点迸发并坠落下来，这一点或这一小块天区叫作流星雨的辐射点，通常以流星雨辐射点所在天区的星座给流星雨命名，以区别来自不同方向的流星雨。

一般的流星雨，流星出现的频率为每小时 5 到 60 颗，最高能达到每分钟 1 颗。当每小时出现的流星超过 1000 颗时，我们称为流星暴雨，有些大型的流星风暴，每秒都会有流星出现。流星暴雨对生活在地面上的人不会造成直接危害，不会影响人们的日常生活。但是，因速度极高，流星暴雨对太空中的航天飞行器的安全会构成威胁，同时对地球大气高层的电离层也会产生影响。

2012 年的天龙座流星雨

⑨ 小天体对地球有哪些影响

轨道与地球交叉的小行星和彗星统一被称为"近地天体"，如果近地天体撞击地球，可能会给人类带来大灾难。目前一些轨道已知的小天体是不会碰撞地球的，但近地天体的轨道接近地球时有可能发生改变，这是因为近地天体接近水星、金星、地球和火星的机会很多，难免会受行星引力的影响而变更轨道，未被发现的小行星中或许会有可能撞击地球的小行星。

陨石可以说是与地球"打交道"最多的小天体了，但一般情况下陨石对地球的影响是很小的，只有少数的陨石可以穿过地球大气层到达地球表面。陨石带来的危害不仅取决于其速度和大小，还与入射的角度和入射点的环境有关，像湿地、沼泽就可以缓冲撞击的力量，使其破坏性降低。

小天体落入大气层示意图

⑩ 陨石中存在地外生命迹象吗

有科学家认为，陨石是在宇宙中传播生命的种子，地球上的生命可能就起源于地球婴儿时期遭受的陨石撞击。1996 年，NASA 宣布在来自火星的陨石"艾伦–希尔斯 84001"中发现含有火星细菌化石的证据，并且发现这块陨石晶体结构中的大约 25% 是由细菌形成的，这一发现引发了人们对火星上生命探索的强烈兴趣。

另有研究表明，火星上的陨石撞击坑可能同样充当着有机生命体避难所的功能，如果在那里向深部进行探索，可能会找到与微小生命体相似的生命形式。陨石撞击一瞬间产生的热量足以杀死其表面所有的生命，但是，由撞击产生的陨石岩裂隙却能让营养及水分流入其内部，从而维持内部生命的生存。

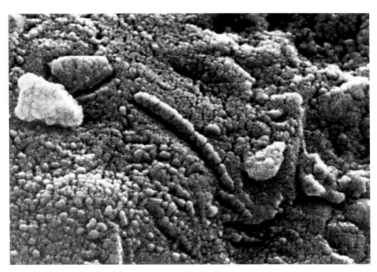

火星岩石"艾伦–希尔斯 84001"中蠕虫形态的结构

11 小天体观测与行星观测有什么不同

行星观测有一定的周期性和预见性，但彗星、小行星及流星等小天体的观测，却存在着随机性和不确定性，更需要一定的运气。目前，借助于先进太空望远镜和功能更强大的计算机，发现小天体的概率有了明显的提升。

放射性检测手段可以确定地球上的岩石和化石是何时形成的，而陨石、彗星和小行星的"年龄"也可以采用同样方法来确定，彗星和小行星的样本可以通过航天器进入太空收集。有些彗星、小行星、陨石的年龄甚至可以追溯到数十亿年前，这就使得科学家有了研究太阳系起源的线索。

计算机搜索可以帮助科学家快速对比分析由太空望远镜拍下的照片，从而判断这是一颗新天体，还是一颗已知天体的自然位移。通过这种方法，每个月都有数以千计的小行星被发现。这项任务主要由各国太空科研机构来完成，他们相互分享观测数据使得全天候观测成为可能。

广域红外线巡天探测卫星（WISE），于 2009 年 12 月发射，其任务是寻找被尘埃笼罩的冷恒星、明亮的遥远星系、大量小行星和彗星

12 太阳系的尽头存在哪些小天体

海王星是太阳系最外围的一个巨大的行星，它自身产生的引力与太阳引力共同作用，使得太阳系边缘众多的小天体能够绕太阳旋转。海王星轨道外围的这些神秘的小天体就是所谓的柯伊伯带小天体，著名的矮行星冥王星就位于此带中。

一种理论推测认为短周期彗星是来自离太阳 50 ~ 500 天文单位的一个环带，这个区域被称为柯伊伯带，位于太阳系的尽头，其名称源于美籍荷兰裔天文学家柯伊伯。柯伊伯带内边缘毗邻海王星公转轨道，与太阳相距约 45 亿千米，外边缘距太阳有大约 70 亿千米的距离。

科学家认为，在柯伊伯带中存在着数量巨大的天体，包括小行星、行星、彗星等。在柯伊伯带的外围还可能存在着一个更大的圆饼状天体区域，被称为黄道离散盘，这个区域可能已经超出了我们所定义的太阳系的范围。

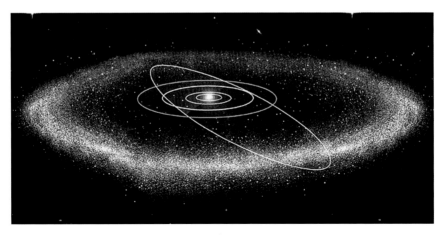

柯伊伯带立体视图

土星是太阳系八大行星中的第六颗行星，也是太阳系中最美丽的行星。土星距离太阳大约 14 亿千米。据推测，土星与太阳之间的距离可以塞下 10 万个地球。土星是太阳系中第二大行星，仅次于木星。与其他的类木行星一样，土星几乎全由气体组成，因此密度非常小，是八大行星中密度最低的行星。

十一

太阳系中的宝石

1 土星看上去是什么样的

在太阳系的行星中，土星的光环最惹人注目，它使土星看上去就像戴着一顶漂亮的大帽子。所以人们认为土星是太阳系最漂亮的行星。事实上，土星还有一个雅号——"太阳系中的宝石"。

与其他行星比较，土星有一个漂亮的环，尽管木星、天王星和海王星都有自己的环系，但它们不如土星清晰。所以，喜欢观看夜空的天文爱好者，只要用一个普通望远镜就可以看见土星的环系。

如果通过天文望远镜观察，人们可以看到土星表面也有一些明暗交替的色带平行于它的赤道面，色带有时也会出现亮斑或暗斑。

与它的邻居木星相比，土星的环好像是色带，色带的颜色与高度有关，在高端呈现亮黄色，在低端呈现暗黄色。

在地球上通过天文望远镜观察到的土星

土星及其环系有多大

在太阳系中，土星是一颗巨大的行星。土星的直径是 120,536 千米，木星的直径是 142,984 千米，可见土星不比它小很多。

地球的直径是 12,743 千米，几乎比土星小 10 倍，土星内能容纳约 755 颗地球。与太阳相比，土星很小，太阳的直径约为 140 万千米，如果按太阳的直径可以摆放约 10 颗土星。

土星的环系是很大的，从地面观测，人们最初发现土星有五个环，其中 A、B、C 三个主环和 D、E 两个暗环。1979 年 9 月，先驱者 11 号又探测到两个新环，即 F 环和 G 环。从最外层的 G 环看，它的直径相当于地球和月亮之间的距离，大约为 384,000 千米。实际上，土星的环系已经扩展很远，目前的技术手段几乎很难观察到它的外层边缘。

地球和月亮之间的距离相当于土星的环系直径

3 土星有大气层吗

　　土星大气以氢气和氦气为主，同时还含有甲烷和其他气体。土星的大气层中还飘浮着由稠密的氨晶体组成的云。用望远镜观测，这些云呈相互平行的条纹状，它的颜色以金黄色为主，其余是橘黄色和淡黄色等。土星的大气层是不透明的，大气的深处是液态，目前科学家还没有搞清楚土星大气气体和液态的界面在哪里。

　　在2005年，NASA研制的卡西尼号探测器，接近土星的北极区域，发现土星北极区域呈蓝色天空，类似于地球。科学家猜测土星北极区域可能缺少"黄云"覆盖，也许被氢气所代替。另外，卡西尼探测器还发现土星大气的"蓝云"和"黄云"轮流交换，目前科学家还不知道产生这种轮流交换的原因。

土星北极区域的蓝色大气层

④ 土星的天气情况是怎样的

土星比地球冷很多，它的云顶大气平均温度是 –175℃。相比之下，地球最冷的地方，南极的平均温度是 –89℃。

与土星云顶比较，土星云层内部是非常暖和的。事实上，土星自身放出的热量比吸收太阳的热量还要多。

土星是一个风的世界，其云层就是这些狂风造成的，云层中含有大量的结晶氨。在土星的赤道上，风的平均速度是每小时 1600 千米，比地球上的龙卷风速度大 2 倍。

土星的风暴一般要持续几个月或几年，有时风暴还能产生光。2004 年，科学家跟踪土星上的风暴，把它命名为"恐龙风暴"，发现它产生的光传播很远，在地球上可以看得很清楚。

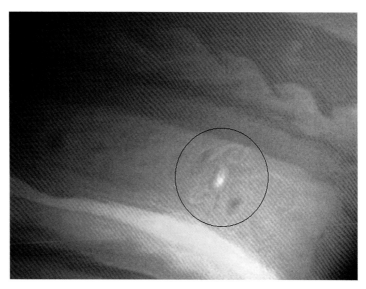

土星上的"恐龙风暴"

5 土星的形状和组成是怎样的

　　土星是扁球形的，它的赤道半径（60,268 千米）与两极半径（54,364 千米）之差大约小于地球半径（6371 千米），土星质量是地球质量的 95.18 倍，体积是地球体积的 750 多倍。虽然土星体积庞大，但密度却很小，每立方厘米只有 0.7 克。

　　不同于地球，土星是一个由大量气体和液体组成的行星，没有固体的表面。但土星中心有一个固体核，是由岩石或由岩石与冰混合组成的核；但有些科学家认为它是由融化的岩石和金属组成。它的中心核由液态层包围着，液态层由气态层包围着。所以土星共有三层：固体核、液体层和气态层。

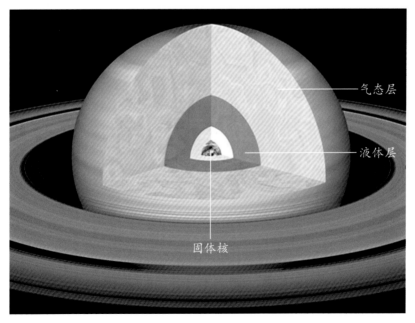

气态层

液体层

固体核

土星的内部组成

6 土星光环为什么会消失

如果用望远镜观察土星光环，有时你会发现土星光环失踪了，也许你会感到惊讶和迷惑。事实上，在 17 世纪，意大利科学家伽利略就已经发现了这个问题。

伽利略是最早用望远镜观察到土星附近物体的人，但他不清楚土星附近的物质是什么，他认为可能是"土星的卫星"。一天晚上，他突然发现"土星的卫星"消失了，并记录了这一现象，但没有解释这一现象。

今天，科学家认为伽利略当时看到的是土星光环的两端，土星光环与土星赤道面是平行的，站在地球上能看到土星光环朝向阳光的一面；当土星运行到不同的位置时，我们的视线与土星光环平面所构成的角度是不同的，每隔 14 年，土星光环的正侧面朝向地球一次，这时，我们只能看见光环的边缘。土星光环虽然很宽，但它的最大厚度却只有十几千米，土星离地球十分遥远，利用最好的天文望远镜，也看不清楚土星光环的边缘。所以，土星光环的消失，是从不同角度观察产生的结果。

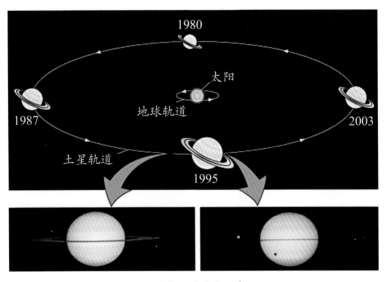

土星光环的消失现象

土卫六有什么特殊性

土卫六由荷兰天文学家惠更斯于 1655 年 3 月 25 日发现。在土星的卫星中，土卫六是最大的卫星；在太阳系中，土卫六是第二大的卫星，木卫三是最大的卫星。土卫六的体积比冥王星和水星大得多。

不同于太阳系中其他的卫星，土卫六具有厚厚的稠密的大气层，比地球的大气层还要稠密。从地球上看，土卫六好像被烟雾遮盖着，呈现朦胧的淡红色。这些朦胧的烟雾是由氮和甲烷组成。科学家认为土卫六的大气层类似于几十亿年前地球的大气层。

在 2005 年，美国卡西尼号飞行器携带的惠更斯探测器着陆土卫六，使人类第一次探测到了它不寻常的表面。惠更斯探测器还发现了土卫六是一个喧闹的地方，这种喧闹的噪音可能是土卫六上的强风所致，因为稠密的大气层可以很好地传播声波。

具有稠密大气层的土卫六

土卫六（左下）、地球（右）和月亮（左上）的比较

8 土星是怎样在轨道上旋转的

土星是以椭圆轨道绕太阳运行的，它与太阳的最近距离大约为 13.5 亿千米，平均距离是 14 亿千米。土星冲日是指土星、地球、太阳三者依次排成一条直线，冲日时土星距离地球最近，也最明亮。

土星绕太阳旋转一圈是地球的 29.5 年，即土星年。因为土星距离太阳比较远，所以绕太阳转一圈是地球的 30 倍时间，每隔 378 天会出现一次土星冲日现象。

土星的自转非常快，土星绕其自转轴旋转一周是 10 小时 39 分钟。太阳系的行星绕其自转轴旋转得越快，赤道膨胀得越大，所以土星赤道的膨胀比地球赤道的膨胀要大。

2011 年 4 月 3 日土星冲日现象

9 土星及其卫星上是否存在生命

土星上的环境对生命是不友好的，由于它没有氧气以及会有极端的温度情况，在它上面不可能存在任何生命。虽然，我们并不太了解土星的内部，但是从目前观察数据分析，它上面很难支持有生命的物质存在。

土卫六上面的大气层环境类似于地球，也许可以支持生命存在。土卫六的环境适合复杂的有机分子存在，所以或许存在一些有机生命体，但目前还没有得到证明。

土卫二也有可能支持生命存在。2006 年，卡西尼号飞行器发现在土卫二上存在液态水，就意味着土卫二有生命需要的水和大气层，所以或许它上面存在着生命。

卡西尼号发现土卫二上存在液态水

航天员在土星环上跳跃的假想图（土星环是由岩石、冰块和自然尘埃组成的混合体）

航天员行走在土卫六的氨气海洋冰面上的假想图

天王星是太阳系八大行星中的第七颗行星，介于土星与海王星之间，是太阳系中唯一"躺着"运转的行星。天王星与太阳的距离已经非常遥远了，太阳光到达天王星需要经过 2.7 小时之久。天王星绕行太阳一圈则需要约 84 年。另外天王星也是类木行星之一。

十二

太阳系最"臭"的行星

太阳系的"屁股"在哪里

天王星也称"屁股"行星。为什么天王星会获得这一戏称呢？这要从天王星英文名字的读音和有关它的科学事实说起。

天王星的英文名字"Uranus"来源于古希腊神话最早的神灵乌拉诺斯，然而，"Uranus"的读音为"Your-anus"，意为"你的肛门"。因此，天王星成为了不少人的快乐源泉。

为了避免这种尴尬，"Uranus"的读音被改为"Urine-us"（我们的尿液）。可是，无论用哪种方式来读出天王星的英文名字"Uranus""Your-anus""Urine-us"或"You're on us"，都容易让人误解。

早在1920年，《牛津英语词典》就把"Uranus"读为"you-run-us"。但到了1986年旅行者号探测器掠过天王星时，一些媒体播音员仍把"Uranus"读为"Urine-us（我们的尿液）"，大家才发现，读"your-anus（你的肛门）"依然是行不通的。

凑巧的是，科学家发现天王星的大气层富含硫化氢，这意味着天王星是臭鸡蛋味儿的。而牛津大学发表在《自然天文学》上的一项新研究更是直接表明，天王星闻起来像人们胃胀气时放的屁。因此，天王星逐渐摘得"宇宙屁股"这一戏称。

其实，科学家很早就推测，天王星的云层含硫化氢和氨。这一猜测在后续的科学研究中也得以证实。英国牛津大学的研究人员曾借助夏威夷莫纳克亚山的北双子座望远镜，探测到天王星云顶有硫化氢化合物，并且以冰的形式存在，这意味着人类在接近天王星的云层时，势必会感受到来自天王星臭鸡蛋味儿的热情。但是，人类可能永远不会闻到这颗气态行星的臭味，这是由于天王星有着不同于地球的大气条件。天王星的大气主要由氢、氦和甲烷组成，温度更是低至-200℃，如果人类暴露其中，会立刻窒息，还没领受到臭鸡蛋味儿就已经死了。

太阳系中的"屁股"行星——天王星

　　天王星、木星和土星都是气态行星，但木星和土星的云层存在氨，却不存在硫化氢，将天王星与之相比，就会知道它们的形成过程存在差异。从天王星的"屁滚尿流"的英文读音，到科学揭示的真相，天王星用实力证明自己别具一格的"宇宙屁股"的戏称。星海浩瀚，"百闻不如一见"，宇宙更多的可爱之处等着我们一起去探索。

② 谁发现了天王星

很久以前，人们不知道天王星是一个行星，古人看见天空中有一个亮点，就认为它是一颗恒星。在 1781 年，英国天文学家威廉·赫歇尔改变了人们的看法，他用自己设计的望远镜对这颗恒星做了一系列观察。最初，他感觉"它在接近圆形的轨道上运动，不像是恒星，也不像是彗星，因为彗星是在很扁的椭圆轨道上移动，而且也没有发现它的彗发或彗尾"，倒很像是一颗行星，但他不敢肯定自己的想法；后来他继续观察它的运动并计算出它的轨道，最终确定它是一颗行星。两年后，即 1783 年，法国科学家拉普拉斯证实赫歇尔发现的是一颗行星。

威廉·赫歇尔最先确认天王星是一颗行星

3 天王星是由什么组成的

科学家认为，天王星像外层太阳系空间的其他行星一样，是一个由气体组成的星球，但天王星不同于地球，它是一个巨大的气体和液体球，它没有固体的外壳，所以，人们不能在天王星上行走和散步。

天王星的结构包括三个层面，中心是熔岩的核，这个熔岩核的尺寸与地球一样大，它的温度为7000℃；中间层是液体的海洋，也即是由水、氨和其他挥发性物质组成；最外层是氢气和氦气组成的外壳，外层的顶部是由蓝绿色的甲烷晶体组成。

天王星上的冰，不是平时我们看到的冰，地球上的冰是由水转变的，而天王星上的冰是由甲烷组成，甲烷随着温度的变化，也像水一样，可以在气态、液态和固态之间相互转化。天王星表面辐射到空间里的热量几乎等于太阳给它的热量。

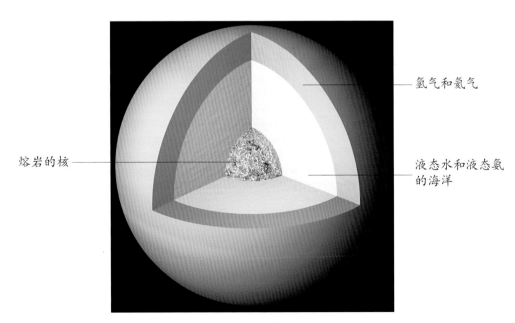

氢气和氦气

熔岩的核

液态水和液态氨的海洋

天王星的内部结构

④ 天王星的大气层是怎样的

天王星是一个表面光滑的蓝绿色星球，它之所以光滑，是因为它表面被一层很厚的、朦胧的烟雾覆盖着，这层烟雾与汽车放出的尾气一样。当然，天王星上没有汽车，这层烟雾是由天王星大气层中的乙烷构成的。

天王星被大气包围着，大气的主要成分是氢气（大约占83%）和氦气（占15%），其余的是甲烷和乙烷。像其他气态行星一样，天王星也有带状的云围绕着它快速飘动。

在大气层下面，有一层甲烷云，呈现蓝色。天王星大气层的强风会吹动这些甲烷云围绕整个星球转，形成一种条形图案。但由于引力作用，这种条形甲烷云不会进入大气层。

哈勃太空望远镜曾发回近百张天王星照片，从分析这些照片可以看出，天王星的甲烷云是由冰状的甲烷晶体组成。在大气层底部，甲烷晶体有时会形成甲烷气泡。

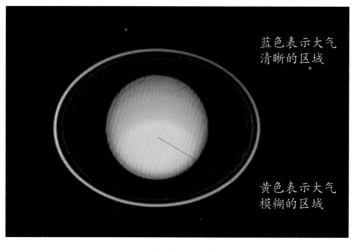

蓝色表示大气清晰的区域

黄色表示大气模糊的区域

天王星的大气环境

5 天王星有多大

在太阳系中，天王星是第三大的行星。天王星的赤道直径是 51,118 千米，是土星直径尺寸的一半。

与地球比较，天王星很大，地球的直径是 12,743 千米，比天王星约小 4 倍。如果把天王星看作是一个空心球，那么它里面能够盛满 60 个地球。它的质量是地球的 14.6 倍，但它的引力却不如地球大，如果你在地球上称 32 千克物体，在天王星上再称就是 28 千克。

与太阳比较，天王星很小。太阳的直径是 14 亿千米，这意味着在太阳的直径上可以摆放着 25 个天王星。

虽然天王星很大，但由于它的轨道是椭圆形的，所以它有时距离太阳近，有时距离太阳远，在太阳系的行星轨道系里它处在第七位。

天王星与地球尺寸的比较

6 天王星是怎样绕太阳旋转的

天王星离太阳较远，所以绕太阳转一圈需要很长时间，它的一年时间相当于我们地球的 84 年。天王星上的一天时间是 17 小时 14 分钟，因此它的大气层旋转速度很快。太阳里的所有行星，都是以椭圆轨道绕太阳转动，但是天王星却是绕着太阳滚动。

天王星的春夏秋冬时间非常奇怪。在天王星上，太阳轮流照射着北极、赤道、南极、赤道。因此，天王星上大部分地区的每一昼和每一夜，都要持续 42 年才能变换一次。太阳照到哪一极，哪一极就是夏季，太阳总不下落，没有黑夜；而背对着太阳的那一极，正处在漫长黑夜所笼罩的寒冷冬季之中，漫长黑夜的冬季长达 20 多个地球年，每个季节的时间大约都是地球的 20 多年。

尽管天文学家对天王星有了一定的了解，但还有很多问题有待进一步探索和研究。

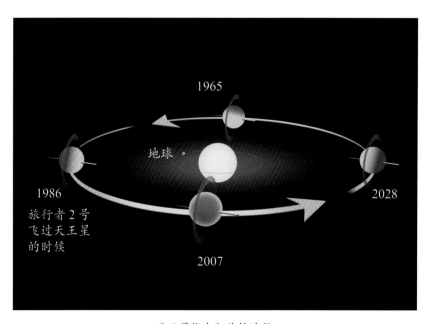

天王星绕太阳旋转过程

7 旅行者2号路过天王星时发现了什么

1986年，旅行者2号在飞往海王星的途中，借道天王星飞行，才有机会对天王星近距离观察。旅行者2号研究了天王星的结构和化学成分，包括由天王星独特的自转轴引起的天气情况。它首次发现了围绕着天王星飞行的10颗卫星，同时还新发现了两条光环。

旅行者2号拍摄了数千张天王星照片，并取得了大量关于天王星的自然卫星、光环组成、大气成分、内部结构和天王星磁场等方面的科学数据。

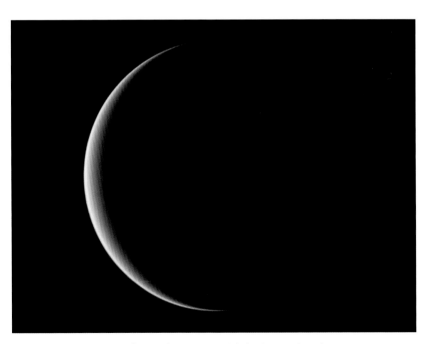

旅行者2号告别天王星时拍摄的天王星照片

8 围绕天王星的彩色光环是什么

在天王星附近，有一个美丽而又复杂的光环系统，它由 10 余条光环组成。这个光环系统的空隙和不透明现象，表明它们不是与天王星同时形成，环中的物质可能是来自被高速撞击后产生的陨石或小天体，但唯独最外面的光环成分却是冰块。哈勃太空望远镜最新发现天王星光环的最外环是蓝色的，次外环是红色的，天王星的内环则是灰色。

在天王星光环的明暗区域内，风向是相反的，假如你操纵飞船飞行在光环系统中，你会感觉到飞行器两侧的风吹得你颠簸不停。

天王星的环系

⑨ 天王星的天气情况是怎样的

天王星的温度是非常低的，它的云顶表面温度大约是 −275℃左右，但云的内部却很热。令人惊奇的是，被照射的一侧和黑暗的一侧，其云顶气温几乎一致。

由于上下的温度差别极大，经常产生很强的风暴，风暴的速度大约是每小时 720 千米。有时风暴在天王星表面形成漩涡，这些漩涡在其他行星上是不存在的。

天王星天气变化的原因很多，如天王星的自转轴倾角非常大，太阳有时直射南极和北极，很少直射赤道。在春分时，天王星自转轴几乎垂直于太阳光照方向，致使天王星大气温差引发大范围的气流流动。

据最新观测，由于天王星表面风暴的作用，它的北半球表面出现了一个新的云块亮斑，正从北向南移动。

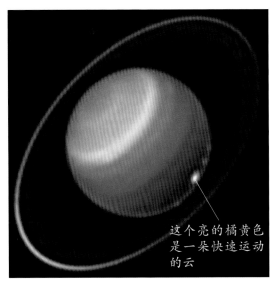

这个亮的橘黄色是一朵快速运动的云

天王星上移动的云

10 天王星自转轴的倾斜度为什么如此之大

天王星与其他 7 颗行星不同，它的自转轴与太阳系的黄道面倾斜度很大，约为 98°。科学家认为这是数十亿年前一个巨大的行星撞击了天王星而造成的。该行星主要由冰组成，体积跟地球差不多大，撞击天王星后就解体了。

通过计算机模拟试验结果显示，天王星至少遭受 2 次撞击后，其自转轴才出现倾斜现象。如果是 1 次撞击，会拥有与天王星自转方向相反的公转轨道，因此，2 次连续性撞击的可能性最大。

太阳系形成初期，天体间发生剧烈碰撞是非常频繁的。从未来宇宙发展看，大型天体的撞击不是例外而是普遍现象。土星和海王星的形成也有可能是大天体的碰撞，因为两颗行星的自转轴也与黄道面倾斜 30° 左右。

天王星及其卫星的形成

11 天王星上有生命吗

对于人类和其他生命体，天王星不是一个有魅力的地方。人类需要呼吸，天王星不但没有氧气，而且具有大量对人类有毒的气体。另外，天王星的云顶温度很低，不适合任何有生命的物质存在。

假如天王星的气体没有毒，再假如天王星的云顶温度不是很低，人类在天王星上面生存也有很多问题，因为它没有固体表面，任何着陆天王星的物体都将掉入它的大气，甚至掉入它的液态海洋，被巨大的大气层压得粉碎。

天王星的卫星上也不适合生命存在。尽管它有近 30 颗卫星，但都没有大气层，它们要么是冰球体，要么是岩石球体。所以，如果科学家希望在宇宙中寻找生命，一定不会在天王星及其卫星上。

天王星的卫星（天卫一）

海王星是太阳系中的第八颗行星，介于天王星与冥王星之间，是一颗拥有大暗斑的类木行星。在冥王星被除名后，海王星成为八大行星中的最后一颗行星。

十三

遥远的海王星

是伽利略发现的海王星吗

1612 年 12 月 28 日，伽利略用小型望远镜第一次观测到了海王星，并绘制出了海王星的形状。1613 年 1 月 27 日，伽利略再度观测到了海王星。然而，非常遗憾的是，这两次观测他都误以为海王星只是一颗普通的恒星。

当时，伽利略并没有坚持自己的发现。所以后人不得不说："伽利略与海王星的擦肩而过是十分可惜的，导致人类错过了提前 200 年发现海王星的机会。"

伽利略

② 哪三位科学家发现了海王星

　　法国数学家勒威耶通过计算，发现天王星的实际运行轨道与牛顿定律所预测的结果不相符，由此推测这是因为行星的引力拉扯所致，所以推断天王星附近存在一颗行星。1846年，柏林天文台的德国天文学家加勒在勒威耶预测行星位置附近找到了那颗新的行星——海王星。

　　此后，英国随即宣称他们的数学家亚当斯早就计算出海王星的位置，只是收到他信件的天文学家未予重视才未宣布。英法双方折中的结论就是让亚当斯与勒威耶并列为共同的发现者。直到1998年一份遗失多年的历史文件被找到后，才发现亚当斯得到的赞誉言过其实，不应分享勒威耶的殊荣。

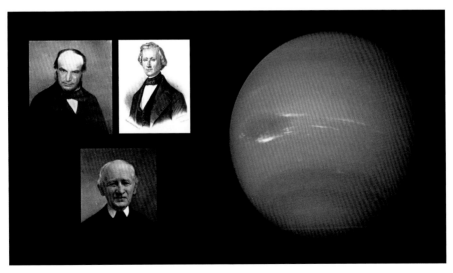

　　发现海王星的三位天文学家，英国的亚当斯（上图左）、法国的勒威耶（上图右）和德国的加勒（下图）

③ 海王星环是怎样的

1989 年，科学家研究发现了海王星环。当时，海王星环被发现有 5 个光环，分别以对海王星有重大发现的科学家命名（加勒、勒维耶、拉塞尔、阿拉戈和亚当斯），这些环是由灰尘和小岩石组成，它们的密度各不相同，可能是在海王星的一颗卫星被摧毁时形成的。

海王星的环系

④ 海王星南极为什么比其表面平均温度高

2007 年，科学家发现海王星的南极比其表面平均温度（约为 200℃）高出 10℃，这高出的 10℃足以使海王星南极上的甲烷释放到太空中，而海王星的其他区域的大气层中的甲烷仍处于冷冻状态。

海王星的南极温度高是由于在过去的 40 年里受太阳的照射，随着海王星缓慢移动，它的南极将逐渐变暗，北极将被太阳照射，这使得它的甲烷释放区域从南极向北极转移。

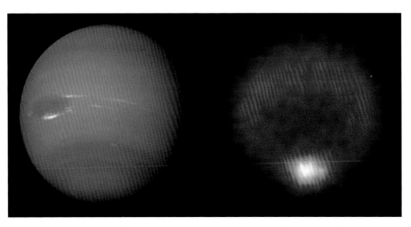

在红外光谱中，海王星的南极比海王星上的其他地方明亮

⑤ 海王星与地球有什么不同

  科学家已经测算出海王星的质量为地球的 17 倍，平均密度为地球的 1.5 倍，体积也比地球大得多。另外，由于海王星的重力（引力）比地球稍微大一点，所以假如你站在地球上称得的体重是 100 千克，那么你站在海王星上称得的体重就是 113.8 千克。

  另一方面，地球离太阳较近，所以可以足够地吸收太阳发出的能量，并保持近地空间环境的温度。而海王星由于处于太阳系的外层边缘，所以它接收到的太阳能仅仅是地球接收的一部分。如果从海王星上观察太阳，会比地球上看到的太阳暗淡 900 倍。

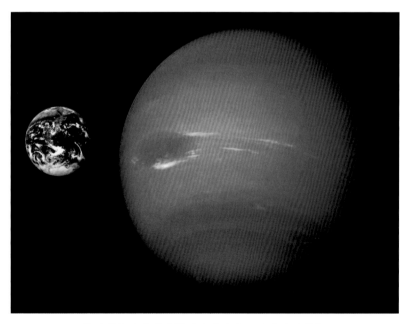

海王星与地球的比较（左为地球，右为海王星）

6 海王星的光环是由什么组成的

像太阳系中的其他气体天球，海王星也有一个光环系统。科学家们陆续计算出它有 7 个明暗相间的光环，它们围绕着海王星的赤道。

海王星的光环，或许是由尘埃组成，都很微弱，但有三个明亮的弧段，外环比内环的其他部分更明亮。科学家们认为或许是更厚尘埃集中在这里，使其更加明亮。另外，海王星的卫星海卫六是位于外环内轨道的行星，或许由于它的引力作用，使灰尘集中在这三个明亮的弧段上。

1846 年，人们利用反射望远镜曾看到海王星的光环，后来人们推算出该光环的半径为海王星半径的 1.5 倍。1989 年 8 月，旅行者 2 号探测器飞近海王星时，发现海王星周围有 3 个光环，而且外光环很不一般，呈明亮弧状，沿弧段周围还有紧密积聚的物质。但有关海王星光环的具体情况至今仍不清楚，还需要科学家更多的探测和研究。

海王星的光环

⑦ 海卫一有哪些不寻常的地方

海卫一是海王星的最大卫星,直径是 2700 千米。这是太阳系中较大的卫星之一。

海卫一有大气层,其主要成分是氮气。海卫一还有间歇喷泉,偶尔氮气和其他物质会从地表下面喷出。海卫一还是太阳系中最冷的球体,它的表面温度为 –235℃。

海卫一绕海王星公转的轨道与海王星自转的轨道相反。这就是为什么科学家认为海卫一是在海王星形成后很长时间内由海王星引力捕获而来的星体。目前,海卫一的轨道逐渐下降接近海王星,从现在开始的数百万年里,它可能会脱离并且在海王星的周围形成新的环。

海卫一表面的喷泉(假想图)

8 海王星或海王星的卫星上是否存在生命

科学家认为海王星或海王星的卫星上存在生命的可能性极小，这是因为海王星的大气层是由有毒气体组成的，大气层的顶端极其寒冷，大约 –215℃。

在海王星的内部深处，温度极高，如果存在水，它们很可能被煮沸，由此导致压力增大，以至于飞船都能被举起来，所以就不可能存在有生命物质。

海卫一是海王星唯一的具有大气层的卫星，但是它非常寒冷，在这里很难有任何生命的物质生存，它的大气温度相当于地球上的南极。

海王星的周围环境不适合生命存在

⑨ 海王星上的巨大黑点是什么

根据旅行者 2 号于 1989 年在距离海王星 708 万千米处拍摄的照片，科学家发现海王星上的巨大黑点是一个巨大风暴，自那时起，这个巨大的黑点开始逐渐变小。

这个巨大的黑点大约 13,000 千米长，与地球尺寸相当，但比木星的"大红斑"要小很多，木星"大红斑"已经存在 300 年了，而海王星上的这个大黑点却慢慢地变小，到 1994 年已经基本消失了。

在海王星上，还有很多类似的黑点，它们好像是急速行驶的摩托车，也称"旋风"，另外在海王星的北极，还有类似于地球上的飓风，那些"黑点"可能是甲烷气体。

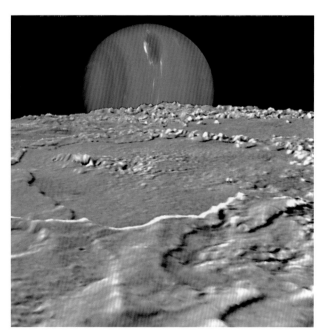

在海卫一的地平线上观察海王星，巨大黑点更是明显

10 海王星的环会永久存在吗

据科学家观测，海王星目前有 7 个环，但这 7 个环都很模糊，只有从旅行者 2 号传回的照片才可以看到。海王星的环是由无数个比沙粒还要小的颗粒组成。不同于土星环，土星环是由冰块组成，那里的冰块可以反射太阳光线。

海王星最亮的环，也是最外环，很可能是不同种类的尘埃聚集在一起，非常之厚，可以反射微弱的太阳光线。

海王星的最外环分成三截弧，这是因为附近的自然卫星引力导致它们旋转运动的结果。海卫六虽然不是海王星最小的卫星，但它的引力足够支配着这个外环的尘埃做旋转运动。

海王星的环不停地运动着，其形成似乎很快，但这个外环至少要存在到 2100 年，另一些环也许要存在几十亿年。

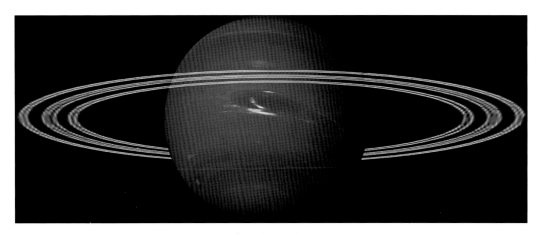

海王星周围的环

11 海卫六的未来会怎样

海卫六（S/1989 N 4，Galatea）是海王星最小的自然卫星，直径约为 180 千米，在海王星的亚当斯环内运行，距离海王星 62000 千米远。这个轨道的卫星是极其危险的，如果它旋转渐渐接近海王星，则将进入"洛希极限"轨道，所谓"洛希极限"是指卫星运行轨道与主星之间的理论临界距离，进入洛希轨道后，海王星的引力将会撕裂海卫六。

科学家认为，就目前海卫六和海王星的距离看，将来总会有一天，海卫六脱离轨道，碎裂之后坠入海王星，或许变成碎块，形成海王星的另一个光环。

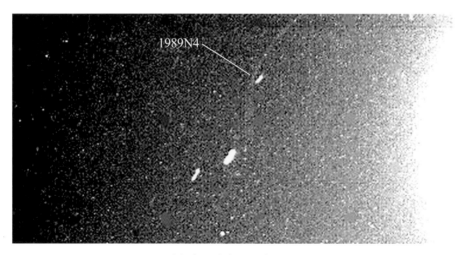

旅行者 2 号发现了海卫六

12 海王星距离太阳比天王星远，为什么海王星温度却比天王星温度高

海王星的云层顶部是非常暖和的，海王星中心的核反应，放射出的热量是吸收太阳热量的2倍。一些专家认为，海王星大气层中的甲烷分解也会放出热量。

通过对天王星辐射能的测定得知，其辐射的能量只有6%来自于星体内部，而木星、土星、海王星却有40%来自于星体内部。由此可见，天王星是太阳系中唯一缺乏内部热能的行星。按照天王星结构模型推算，它的中心温度只有2000℃～3000℃，远远低于其他行星。天王星与太阳的距离要比海王星近16亿千米，但表面温度却比海王星低，并且比冥王星高不了多少，所以天王星常常被称为"冷行星"。

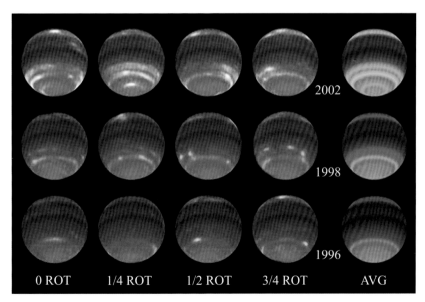

1996年～2002年期间正是海王星南极的夏天开始之际，哈勃望远镜拍摄了此时的照片，云层顶部开始慢慢变得明亮，说明温度正在升高

2006 年 8 月 24 日，在捷克首都布拉格举行的第 26 届国际天文学联合大会中确认了矮行星的称谓与定义。测试一下你对矮行星的了解吧，人类已经发现了多少颗矮行星？矮行星有环吗？为什么冥王星不是行星？

十四

遥远的冥王星

什么是矮行星

在海王星运行的轨道上，有一些冰球体，它们的体积比彗星和陨石大，但比行星小。于是，国际天文学联合会采用矮行星这样一个术语，来描述这些物体。

矮行星要满足 3 个条件，第一它要围着太阳转；第二它要有足够大的质量，并且形状接近球形；第三它会受轨道上相邻天体的干扰。按照这 3 个条件，冥王星是矮行星，其他还有谷神星、卡戎星和阅神星等。

2006 年以前，冥王星与其他八大行星并称九大行星，但从 2006 年开始它降级成遥远的矮行星。

海王星附近的矮行星

冥王星是由什么组成的

冥王星距离太阳十分遥远，虽然哈勃望远镜拍摄了冥王星最清晰的照片，但也仅能显示冥王星表面的明暗程度，无法了解确切的地貌。冥王星的直径为 2320 千米，比月球还要小。

科学家认为冥王星可能是由冰组成的，并且有一个由铁镍岩石混合组成的小核。冥王星周围也有非常稀薄的大气，其稀薄大气成分是甲烷的冰或霜，它被分为透明的上层大气和不透明的下层大气。

由于距离太阳十分遥远，在冥王星上远望太阳，太阳已经变得像一颗星星一样了，冥王星的表面因为缺乏热辐射源而十分寒冷，温度大约为 –240℃ ~ 220℃之间。

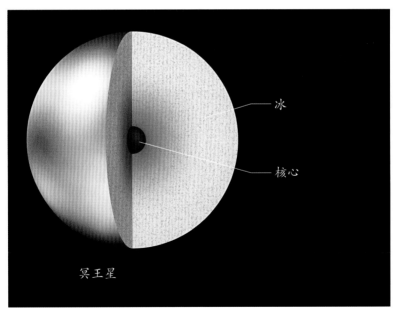

冥王星的组成

③ 矮行星在哪里

在太阳系的边界处，有一个很宽的区域，被称为柯伊伯带。柯伊伯带位于海王星的轨道之外，内边缘距离太阳 45 亿千米，外边缘位于太阳 75 亿千米，在柯伊伯带里漫布着直径从几千米到上千千米的冰封物体，是太阳系大多数彗星的来源地。

在这个带里，冥王星是第一个被发现的星体。天文学家认为，在 1992 年后又发现了其他星体。目前，科学家发现太阳系外也有许多冰封物体，有些是球形，类似于矮行星，有些不是球形，正在进入柯伊伯带。冥王星和阅神星位于柯伊伯带内，属于较大的矮行星。

矮行星的柯伊伯带

4 冥王星的特征和环境是怎样的

冥王星距离太阳大约为 43 亿千米。在地球上，利用强大的望远镜观察，冥王星看起来就像一个模糊的盘子。冥王星呈褐色，表面温度很低。冥王星表面分布着一些亮点，它们可能是极地冰冠，另外还有一些暗点分布在冥王星的表面上。科学家认为冥王星被稀薄大气包围着，类似于海卫一的环境，周围的稀薄大气可能是氮气。由于没有详细的可视化数据，所以目前人们还不知道稀薄大气对冥王星环境有何影响，但根据观察，冥王星的稀薄大气层正在逐渐向外膨胀。

哈勃望远镜拍摄的冥王星照片

谁发现了冥王星

冥王星是在 1930 年由于一个幸运的巧合而被发现的。当时的科学界认为："基于天王星与海王星的运行研究，在海王星后还有一颗行星。"美国的天文学家克莱德·汤博据此对太阳系进行了一次非常仔细的观察，于是发现了冥王星。

冥王星刚被发现之时，它的体积被认为有地球的数倍之大。很快，冥王星也作为太阳系第九大行星被写入教科书。但是随着时间的推移和天文观测仪器的不断升级，科学家越来越发现当时的预判是一个重大"失误"，因为冥王星的体积要远远小于当初的估计。2006 年以前，冥王星与其他的八大行星并称九大行星，2006 年的国际天文学联合大会将它降级成矮行星。

为纪念克莱德·汤博发现冥王星的功绩，2006 年美国发射的新地平线号，装载着克莱德·汤博的骨灰，飞向遥远的太阳系边界，并于 2015 年 7 月 14 日飞掠冥王星。

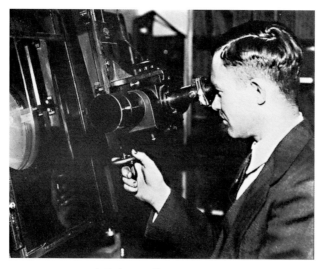

克莱德·汤博发现了冥王星

6 探测冥王星的航天器都有哪些装备

新地平线号是 NASA 的一项探测计划，主要目的是对冥王星、冥卫一（卡戎）和柯伊伯带天体进行考察。

新地平线号发射后 9 小时内飞过月球，而阿波罗系列飞船需要用两天半时间。新地平线号从地球到木星需要 13 个月。然后它将借助木星的巨大引力进一步提速，飞向遥远的冥王星，并于 2015 年飞掠冥王星。

新地平线号的外形像一架大钢琴，重 454 千克，由于它飞离太阳很远，所以无法利用太阳能，只能依靠核能源提供动力。它装备有 7 种科学仪器，包括冥王星及其冥卫一表面成分分析设备、远程勘测成像仪、放射性实验仪器、太阳风分析仪、高能粒子频谱仪、探测冥王星大气构成的紫外线成像光谱仪和尘埃计数器等。这些仪器仅仅在工作时才开机，所以这些仪器的总能耗低于一个夜间照明的灯泡。

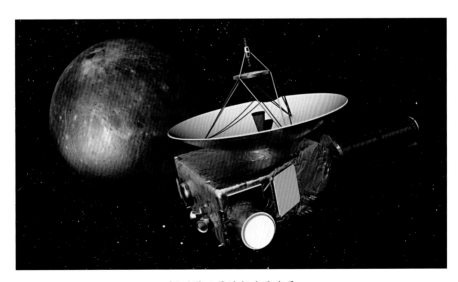

探测冥王星的新地平线号

7 冥王星和海王星哪一个离太阳更远

冥王星在发现之初曾被认为是一颗位于海王星轨道外的行星，但后来的事实证明并非完全如此。例如，在 1979 年 ~ 1999 年期间，冥王星就比海王星更靠近太阳。这是因为冥王星轨道的偏心率、轨道面对黄道面的倾角都比其他行星大。冥王星在近日点附近时比海王星离太阳还近，这时海王星成了离太阳最远的行星。每隔一段时间，冥王星和海王星会彼此接近，在黄道投影图上两颗行星的轨道交叉。但不必担心它们会碰撞，因为它们的轨道平面并不重合，即使在交叉点附近，它们之间的距离仍然是很大的。它们会像运行于立体交叉公路上的车辆一样，各自飞驰而过。

冥王星的轨道位置

8 冥王星的轨道形状是怎样的

冥王星的轨道非同一般，冥王星围绕太阳旋转的轨道比其他行星的轨道更"扁"一些，也就是椭圆的偏心率更大一些。八大行星的轨道都在一个平面内，好像是八个大球围绕着一个圆盘旋转。而冥王星则是在一个倾斜的平面内围绕着太阳旋转，其轨道一部分在黄道之上，另一部分在黄道之下，另外，它的轨道受柯伊伯带影响很大。事实上，正是因为冥王星古怪的轨道，使得科学家开始怀疑它不属于行星。

冥王星在轨道上的运行周期非常长，它围绕太阳转一圈需要 248 个地球年，即一个冥王星年。在 1979 年～1999 年这 20 年期间，冥王星的轨道低于海王星，直到 2200 年以后，还会发生这种现象。

冥王星自转一周相当于 6 个地球日，所以冥王星一天时间是非常长的。

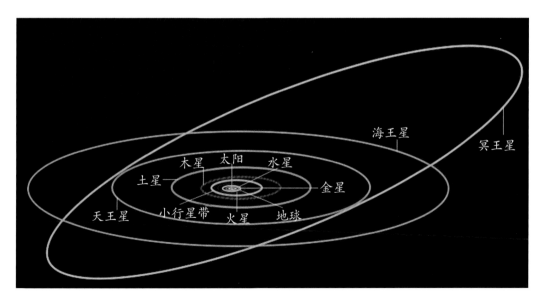

冥王星的轨道形状

矮行星阋神星比冥王星宽大约 110 千米，它是太阳系中最远的一个星体，距离太阳至少 100 亿千米，它也是处于柯伊伯带区域的第三大最亮的星体。柯伊伯带是位于海王星轨道之外的圆形冰态残留物。

十五

太阳系最远的星体

阅神星星体是怎样的

　　阅神星星体是在冥王星之外运行，它属于矮行星，是由冰和岩石组成。在某种意义上，它和冥王星类似，但有两个非常明显的不同之处。

　　首先，冥王星是褐色，具有暗点和亮点，而阅神星星体是白色的，整个星体具有单一颜色。另一个不同点是阅神星星体非常亮，它可以像镜子一样反射光线，照射在它上面的太阳光 80% 被反射出来；相比之下，冥王星仅仅有 60% 的太阳光被反射出来，所以阅神星星体比冥王星要亮很多。阅神星表面还有一层稀薄的大气，其大气主要成分是甲烷，由于阅神星星体离太阳很远，温度很低，所以其大气层呈现固体冰状，这个冰状大气层构成了光线的反射面。

阅神星星体的外貌

2 阅神星星体的轨道是怎样的

阅神星星体是人类发现目前离太阳最远的星体，它与太阳的平均距离约为101亿千米，而冥王星距离太阳的平均距离是59亿千米。阅神星星体的轨道不同于其他星体的轨道，它的轨道椭圆扁度比较大，其距离太阳最近的点为57亿千米，距离太阳最远的点为145亿千米。从阅神星的轨道可以看出，阅神星大部分的运行时间是在冥王星轨道的外侧，有时阅神星也可以运行到比冥王星和海王星更接近太阳的位置。

阅神星星体围绕太阳转一圈需要很长时间，大约是560个地球年，也就是一个阅神星年。另外，目前还不知道阅神星星体怎样自旋和旋转，但由于阅神星星体是亮白色的星体，所以这非常有助于观察和研究，相信在不远的将来会对它有更清楚的了解。

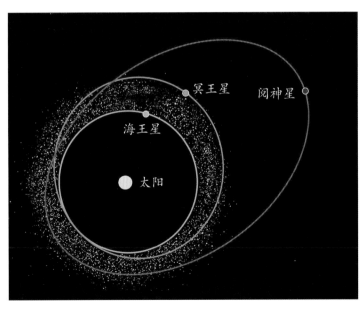

阅神星的轨道

3 阋神星周围有几颗卫星

2005 年 9 月，科学家发现阋神星星体的周围有一颗卫星，2006 年这颗卫星被命名为阋卫一。这是一个非常古怪的名字，但对阋神星星体来讲，它恰到好处。

在古希腊神话中，传说珀琉斯国王与海洋女神结婚，邀请了所有的神参加婚礼，唯独没请阋神星。于是，阋神星决意报复，暗中把一只金苹果扔在欢快的客人们中间，上面写着："送给最美丽的女人。"另外有 3 个女神，都觉得自己是最美丽的，应该得到这个金苹果，于是争吵起来。在神话中，阋神星挑起了女神们的不和。在现实中，阋神星星体又让科学家围绕行星定义争论不休。有些人认为，阋神星应该是第十大行星，因为它比冥王星还大；但也有人觉得冥王星不是一颗合格的行星，最后导致冥王星退出行星行列。所以，阋神星这个名字送给这颗矮行星是非常恰当的。

阋神星星体的卫星也被命名为阋神星女儿的名字 Dysnomia（阋卫一）。Dysnomia 也是古希腊神话中的犯罪女神。在希腊语中，Dysnomia 是"不受法律约束"的意思。

阋神星的轨道

4 谁发现了阅神星星体

阅神星星体是由美国天文学家迈克尔·布朗带领的团队于2005年发现的，此外，他们还发现许多遥远的星体，包括一些白矮星。他们通过观察天文望远镜拍摄的照片，发现了这颗遥远的不动星体。阅神星星体不同于行星、白矮星、小行星和其他星体，这些星体运动速度很快，所以在不同时刻拍摄的照片，会呈现在照片的不同位置；而对阅神星星体不同时刻拍摄的照片，基本保持在照片的固定位置。

2005年1月，这颗星体的照片被作为行星刊登在天文期刊上，临时命名为2003UB313，后来布朗又把它命名为Xena（齐娜）。2006年国际天文学联合大会认定它为矮行星，并命名为Eris（阅神星），2007年中国天文学名词审定委员会确认其中文译名为"阅神星"。

阅神星是太阳系中已知的第二大矮行星

5 太阳系里有多少矮行星

太阳系分两层，即内层太阳系和外层太阳系。在内层太阳系，仅仅有一颗矮行星，被称为谷神星（Ceres）。在木星和火星轨道之间还有大量的小行星，但都不如行星的体积大。

在外层太阳系，国际天文学联合会仅仅公布了 2 颗矮行星，分别是阋神星（Eris）和冥王星（Pluto）。然而在这个区域里，还有几个星体也符合矮行星的定义，如塞德娜和创神星。塞德娜是 2003 年发现的，其体积是冥王星的 1/4；创神星是 2002 年发现的，其体积是冥王星的 1/2。在海王星的轨道之外还有 24 个星体也符合矮行星的定义。

当然，在柯伊伯带更远之处，也发现了一些矮行星。美国天文学家布朗曾绘制过柯伊伯带星图，其中就包括 200 多个矮行星。

柯伊伯带的环境

6 谷神星是什么星

在国际天文学联合会的决议中，矮行星的首批成员有谷神星、冥王星和阋神星。我们已经了解冥王星和阋神星了，下面再介绍一下谷神星。

1801年元旦之夜，意大利人朱塞普·皮亚齐在观察星空时，发现一颗小行星，于是命名为谷神星（Ceres）。谷神这个的名字来源于罗马神话中的谷物女神。

谷神星的平均轨道半径为2.766天文单位，轨道是椭圆型，与太阳的距离变化在2.5～2.9天文单位，每4.6地球年公转一周（可称为谷神星年）。它每9.07小时自转一圈。近年来，哈勃太空望远镜拍摄到它表面一些情况，它的形状近于圆球，平均直径950千米，是小行星带中已知最大和最重的天体，它的质量占小行星带总质量的1/3。

2007年9月27日，NASA发射了黎明号航天器前往探测灶神星（2012年8月抵达）和谷神星（2015年抵达），揭示了谷神星更多的秘密。

谷神

谷神星

黎明号航天器

月球是地球的一颗自然卫星，是夜空中已知的最明亮的天体，人类对它充满着无比的好奇。直到 1969 年 7 月 20 日，阿姆斯特朗搭乘阿波罗 11 号飞船登上月球，人类这才可以充分地利用科学手段去认识月球。月球的背面和正面一样，不同于各种新奇古怪的猜想，这里既没有住着神仙，也没有外星人的建筑，有的只是遍布陨石坑的"不毛之地"。

十六

我们都应该知道的月球知识

1 月球是怎样形成的

月球是怎样形成的？这个问题一直困扰着人类，不少科学家提出诸如地球俘获说（地球引力俘获路过的小行星）、地球分裂说（地球自转过程中甩出一部分成为月球）等等说法。但是直到阿波罗飞船登月后，人们取得了大量月球岩石与土壤的样本，通过对这些样本的分析，才最终提出一个目前被大多数科学家所接受的说法：小行星碰撞说。

小行星碰撞说认为，在地球形成后不久，地球被一颗大小与火星相似的小行星忒伊亚撞击。在这次撞击中，忒伊亚整体被撞碎，地球的一部分地幔物质也被撞飞，同时忒伊亚的金属核心融入地核中，这些被撞飞的地幔物质和忒伊亚的地幔物质则在宇宙中围绕地球运动，并最终碰撞融合到一起，于是就形成了月球。

地球与小行星忒伊亚碰撞假想图

科学家在分析了月球样本后，发现地球和月球具有完全一致的氧同位素，这在地球与其他类地行星上并未出现过，说明地球与月球的物质曾经发生过充分的混合。

 ② 月球内部有核心吗

古今中外，人们对月球的关注甚至超过了地球本身，几乎所有的神话传说甚至科学争论都不乏月球的身影。其中，关于月球内部结构的讨论一直是科学家们争论的话题。

NASA 在 1969 年 ~1972 年的阿波罗计划期间，航天员曾在月球上安装测震仪器，检测结果发现月球表面下几千米处会发生小的月震。此外研究人员通过分析

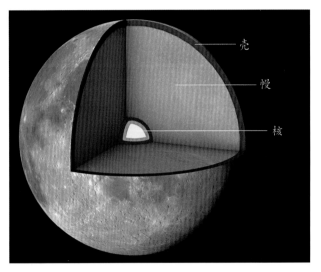

月球的内部结构

航天员带回的月球岩石，发现月球具有强大的磁场，说明月球内部存在铁镍或硫化铁镍的核心，但由于测振仪器精度差异，所以无法确定月核的具体尺寸。

在此之后，2007 年日本发射了月亮女神月球探测器，这是继阿波罗计划之后的最大探月计划。月亮女神探测器搭载了 15 种精密仪器，在距离月球表面约 100 千米上空，收集了月球的化学成分、矿产分布、月表特征等数据。研究人员对这些数据进行分析，推测出橄榄石或辉石的存在，这也证明了月球存在地幔。2019 年 1 月 3 日，中国的嫦娥四号探测器首次发现月球背面也有月幔痕迹。

目前，科学家综合各国探测器的探测结果，认为月球的内部构造类似于地球内部

构造，月球也有壳、幔、核等分层结构，只不过月核非常小。月球最外层的月壳平均厚度约为 60 千米 ~ 64.7 千米；月壳下面到 1000 千米深度是月幔，它占了月球的大部分体积；月幔下面是月核，与地球一样，是一个熔融状态的核，其温度约为 1000℃ ~ 1500℃。

③ 月球表面有水吗

因为月球的重力只有地球的 1/6，所以月球没有像地球上那样的液态水。月球有一层非常稀薄的大气层，它不能对月球提供任何保护，也不能使月球免受太阳辐射和流星体的撞击，并且月面是直接暴露在宇宙空间中的，其温度变化非常剧烈，昼夜温差达 300℃以上。

月球是个干燥的天体，比地球上的戈壁大沙漠干燥 100 万倍。阿波罗计划的最初几次探测都未在月球表面发现任何水的痕迹，但是阿波罗 15 号的航天员却探测到月球表面有一处面积达 200 平方千米的水气团。部分科学家们对此有反驳意见，认为这是

图中的蓝色区域是永久被阴影覆盖的区域，占月球南极的 3%，可能含有水资源

美国航天员废弃在月球上的两个小水箱漏水造成的。可是，这么小的水箱怎能产生这样一大片水气？当然这更不会是航天员的尿液，因为航天员的尿液是直接喷射到月球的天空中的。所以，这些月面水气一定是来自月球内部。

直到 2008 年，印度的一个月球探测器发现了月球两极存在冰水的分子。随后 NASA 的月球勘测轨道飞行器采集的数据也进一步证实了这一发现。

2020 年，NASA 宣布研究人员利用其平流层红外天文观测台，发现月球上克拉维乌斯陨石坑中有水分子，这是人类首次在有阳光照射的月球表面发现了水。通过数据的分析，研究人员发现月球表面的 1 吨土壤中含有 100 克～400 克的水，足以装满一个 12 盎司（340.19 克）的水瓶。研究人员认为，月球没有厚厚的大气层，受阳光照射的月球表面上的水应该会流失到太空中去。但现在还是看到了水，一定是什么东西正在产生水，并有什么东西把水困住了。

 月球上的环形山是怎样形成的

在月球上，暗区是远古月球外壳形成时凝固了的熔岩，科学家称为"月海"。这种"海"滴水全无，占月球总表面的大约 16%。

在月球上，亮区是月面上的"山"。月面上的"山"不是山，而是由巨大星际物质撞击月面时所形成的环形山（或称陨坑）。月面上保存了大量完好的环形山，暗示了月球内部的演化已处于停滞期，甚至可以说月球是一颗死球。

月球上的"山"有两类，一类是简单环形山，形状好像一个碗；另一类是复杂环形山，坑底有一个小山丘，这个小山丘是撞击后物质反弹形成。1 亿多年前，由于陨石撞击月球而形成的一个复杂环形山——第谷坑，其直径为 85 千米，当满月时，人们甚至不需要借助望远镜就可以看见这个坑。

关于月球环形山是怎样形成这个问题，曾经很多科学家认为月球上的环形山主要

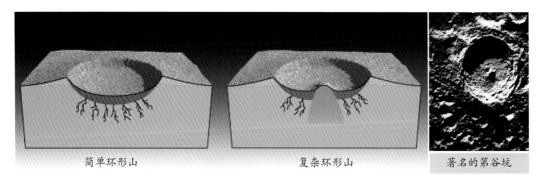

简单环形山　　　　　　　复杂环形山　　　　　著名的第谷坑

月球环形山

是火山喷发引起的。毕竟，那些坑是如此圆，附近也没发现陨石之类的物质。但后来，科学家们研究发现，火山不可能形成那么巨大的坑，月球也没有辐射状的溅射物质堆积痕迹。更重要的是，在目睹了舒梅克－列维9号彗星撞击木星的事件后，他们终于相信小天体的撞击有如此强大的破坏力。

在阿波罗飞船带回的环形山附近的岩石样本中，明显有冲击和熔融的痕迹，这是只有撞击才会产生的。这个争议了100多年的问题，到此为止终于获得了最为确切的答案，月球上绝大多数环形山都是陨石撞击形成的，地球上也类似，太阳系中其他固态天体上也类似。不过，依然有少部分月球环形山是火山，或者其他不明原因造成的，比如希吉努斯环形山和艾娜月坑。但对于某些月球环形山的具体成因，还在争议中。

 ⑤ 月球正面和背面为什么差别如此巨大

1959年10月6日，苏联的月球3号传回了第一张月球背面的影像，这是人类第一次看到月球背面长什么样子。

不同于正面的大量暗色月海，月球背面几乎全是明亮的高地，这些高地上的陨石坑密度也比正面的月海高得多。而且，人类已经知道，这些暗色月海其实都是天体撞击出来的大型盆地被暗色的熔岩充填的结果，而背面就几乎没有大型撞击盆地，同样都是被小天体随机碰撞，为什么正面和背面差别这么大呢?

一些科学家认为，因为正面的月壳比较薄，所以暗色的岩浆更容易涌出；也有一些科学家认为，因为正面有更多的放射性岩石富集，所以温度更高，同样的撞击可以让最后形成的盆地更大。但是这些设想都没有解释清楚月球正背面差异的本质，比如为什么正面的月壳更薄，为什么放射性岩石更多地富集在正面? 可惜的是这些问题至今没有得到解答，未来仍有很长的一段路等待着科学家们前行。

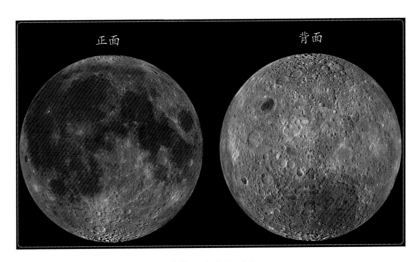

月球正反面的对比

6 月球的年龄到底有多大

科学家们对月球形成的理论基本上是一致的，但不能确定月球的年龄，这是因为在 20 世纪下半叶，在 6 次阿波罗任务中，从月球带回月球岩石中的 99% 都比地球上 90% 的最老岩石历史更悠久；在另外 3 次苏联的航天员带回地球的月球岩石也获得了相似的结论。按照阿波罗计划的航天员们带回地球的岩石标本研究分析，月球年龄理论上应该比地球更年长。

　　德国研究人员通过一种新的间接方法确定了月球形成的时间，计算表明月球形成极有可能发生在地球形成的最后阶段。他们认为月球年龄大约为 45.1 亿年，误差为 1000 万年。但是科学家们仍然对于这个结果存疑，截至目前，月球的年龄究竟有多大，是比地球年轻还是比地球年长？科学家们始终没有达成共识。

月球诞生的假想图

⑦ 为什么月球在慢慢远离地球

　　20 世纪 60 年代，美国航天员们几次前往月球，在月球表面进行了许多科学研究。比如，航天员们在月球表面安置了一面反射的镜子，然后通过激光测距，就可以精准地确定地月之间的距离，这也被称为"月球激光"。"月球激光"被安装在法国蔚蓝

海岸地区格拉斯市附近的卡勒昂天文台，它可以向月球发射一束激光，这束激光随后被月球表面的镜面反射回地球。通过原子钟，能够精确地得出光线从地球到月球所需要的往返时间，进而通过计算得出月球到地球的距离。通过研究发现，月球正在以每年 3.3 厘米的速度远离地球。

月球的这种远离与潮汐效应有关

人类已经知道海洋潮汐。一天当中，海平面两次上升和下降，这主要是因为月球的吸引力，另外还有一个更小的力，即太阳的引力。月球对地球的影响改变了地球的形状，让它看上去有点儿像一枚橄榄球：在朝向月球的方向上形成了一个凸起，与此同时，在地球的另一侧相对也有一个凸起，这就是每日两次潮汐的由来。大气层和地球陆地也同样受到潮汐的影响。显然，固体地表的变化程度要远远小于液体或者气体，但是潮汐的影响依然存在。

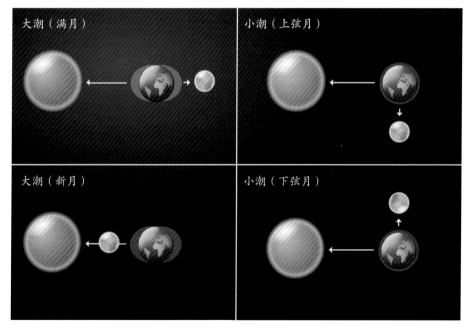

每月两次大潮，若干次小潮

月球正在吸收地球的能量

月球围绕地球公转一周需要大约一个月的时间，这个速度比地球的自转要慢得多。由于这个原因，在月球引力的作用下，地球自转一周的时间每 1000 年会减慢 1.6 秒。针对地球上现存最古老的珊瑚化石的研究发现，在大约 4 亿年前，每年有 397 天，每天约有 22 个小时。

地球自转速度的减慢伴随着能量的损失，这些损失的能量被月球"捕获"了，进而导致它随着时间的推移逐渐远离地球的事实。这有点儿像滑冰运动员在冰上做旋转。如果他张开双臂，那旋转的速度就会变慢；如果他收回双臂，那么就会加速旋转。月球就好比地球伸出的手臂，地球自转速度减慢，"手臂"也越伸越长。

同样也是潮汐的原因，导致我们总是看到月球的同一面。因为月球比地球小得多，所以潮汐的效果很快就得到了体现。月球的自转现在已经完全与它围绕地球的公转运动同步。

为什么看上去月球和太阳一样大

从地球上看去月球，月球和太阳的尺寸是相同的。这是因为，从太阳到地球的距离恰好是地月之间距离的 400 倍，而太阳半径也正好是月球半径的 400 倍，所以，在日全食期间，月球完全可以遮挡住太阳的身影。

8 中国探月计划

近年来，世界各国纷纷宣布探月计划和制定探月蓝图。从综合国力、经济发展和航天技术等因素来看，中国的探月计划已经处于世界前沿地位。继嫦娥五号任务成功后，作为其备份的嫦娥六号探测器将被纳入探月四期工程。依照目前的计划，嫦娥六号任务将在月球南极进行采样返回；嫦娥七号将前往月球南极，对月球的地形地貌、物质成分、空间环境进行综合探测；嫦娥八号除了继续进行科学探测试验外，还要进行一些关键技术的月面试验，为载人登月和建立月球基地奠定基础。

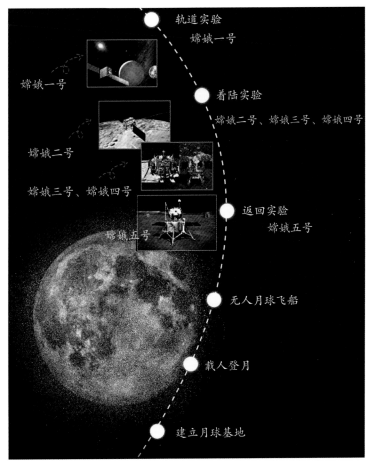

中国未来探月蓝图

后　记

　　对太空的向往，孕育了人类的太空遨游之梦，所以天文与航天是紧密联系的。哥白尼的"日心说"标志着近代自然科学的诞生。如果没有对天文的观测，牛顿也不会将引力联想到天上的星体，不可能建立牛顿力学系统，开普勒也不可能发现行星运动的三大定律。如果没有这一切的发展，人类根本无从发射任何航天器。另一方面，从古希腊神话中试图飞天的男孩伊卡洛斯，到中国明朝时期"飞天"第一人万户，再到阿波罗飞船载人登月，这一过程经历了上千年的时间，而人类真正开始实施太空探索活动却是近半个世纪的事情。在人类过去50多年的航天历程里，航天探索活动正在推动人类天文科学的进步。

　　为撰写本书，作者查阅了大量的资料。人类对宇宙的探索永无止境，有关太空探索的知识可以极大地扩展人类的思维方法和提高国民尤其是青少年的科学文化素质，特别是对创新人才的培养显得尤为重要。希望本书的出版能为此尽一点绵薄之力。

2022 年 1 月